神奇的手账整理魔法

MUKI —— 著

民主与建设出版社
·北京·

▶序

"Hi，MUKI，你有兴趣写一本以文具工作为主题的手账书吗？"

今年（2015 年）年初，我收到了编辑这样的来信，当场兴奋得差点从椅子上摔下来。天哪，一本以文具工作为主题的手账书？这不就是我一直梦寐以求的书吗！！

市面上有很多与手账相关的书，"教大家写手账"这类型的书却很少见，我一直想找这类书来阅读参考，但找了半天，都是日文杂志的专题报道居多。在看不懂日文的揪心的情况下，我收到了编辑这样的约稿询问，第一时间立马决定：既然市面上比较少有这类的分享，那我就自己来写一本吧！

在写这本书之前，我就想过要将自己写手账的心得在博客上分享，但很糟糕的是……人都是有惰性的。所以非常感谢这本书，让我有动力完成梦想。这本书从撰文到拍照，都是我利用手上现有的资料制作出来的，也因此我才发现原来自己买了那么多的文具及周边（笑）。

此外，因为要制造各式各样的情境，我还跟朋友借了学生时期的教科书，向香港知名的手账达人请教询问，以及上网找了一些信息。如果不是写书的关系，我大概不会做这些事，所以很感谢《神奇的手账整理魔法》给了我如此宝贵的经历。我在写书的同时，不仅将脑子里的东西传达给了各位，还吸收了许多不同的创意和想法，真的超级开心！！

最后，要特别感谢我的妈妈。我有时候会写到很晚，感谢她陪我到忙完才睡觉；当我需要素材拍照时，她会帮我一起寻找。如果没有我妈妈这样的帮助，这本书大概很难在今年完成。

下面是我筹划的手账社群网站，希望可以与大家共襄盛举哟！

http://handbook.tw

MUKI 于天冷心却很热血沸腾的傍晚

PART 1 让一本好手账改变你，创造成功行动！

PART 1
PART 2
PART 3
PART 4
PART 5

PART 1　PART 2　PART 3　PART 4　PART 5

PART 3 上班族冲冲冲
职场文具手账，超活用

PART 1
PART 2
PART 3
PART 4
PART 5

PART 4 旅行的大充电
带着手账自由行

PART 1　PART 2　PART 3　PART 4　PART 5

PART 5 创意效率高手
文具达人的进阶心法

PART 1
PART 2
PART 3
PART 4
PART 5

PART **1**

让一本好手账改变你，
创造成功行动！

IDEA · · · · · · · · · · · · ◆ · · · · · · · · · IDEA

IDEA 1-1

挑手账就是挑朋友，
找出接下来一年
真的可以帮助你的好朋友！

在进入分享手账如何整理生活的主题之前，有一件事情我们必须解决，什么事呢？当然就是挑出一本"适合自己的手账"啊！

我觉得挑选手账就跟挑相机、笔记本电脑一样，因为贵重、因为值得，所以一定要用心做功课。像我们在挑选 3C 产品的时候，不也是会不断地搜索，比价格、比外观、比重量、比规格，比东比西的吗？

我相信对文具控来说，手账也是一样的，毕竟这是要连续用一年的东西。而且现在品牌手账越做越好，单价也相对高，如何买到自己心仪的手账，又不觉得浪费了钱，个中技巧是需要好好研究的。

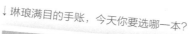

↓ 琳琅满目的手账，今天你要选哪一本？

◎ 挑一本好手账时，你在想什么？

在接下来一段时间中，手账将成为我们最好的帮手，怎么可以不慎重？所以我自己在挑选手账时，一定会先这样想：

接下来一年我想要成为怎样的人？
接下来我想要有什么样的改变？
接下来我准备制订什么样的目标和计划？

抱持着这样的心情，然后才能挑出适合我的手账。

不过，我想大家一定有过这样的情境体验：即使爬过格子，也会有买完手账才发现不适合，所以又跑去买另外一本，然后说服自己原来那一本可以有什么什么用途，实际上却把它打入冷宫的情况。

我自己也曾买过很多拉拉杂杂的手账，每到年初买了 A 又想买 B 更买想 C，所以用金钱换来了许多血淋淋的教训，现在我把这些血淋淋的教训分享给各位！希望大家以后买手账可以有更多的参考渠道，这样就不会花太多冤枉钱，真正买到适合你自己的手账。

↑累积了好多本手账却都没有用，你是否有跟我一样的困扰呢？

IDEA 1-2

中国台湾最潮，
为各种生活、工作计划
发挥创意的好手账

其实我不太清楚手账的市场到底有多大，但从以前我们小学的万用手册到现在的手账，一直有很多文具品牌在出产手账这样的文具产品。近年来我除了帮大家代买国外手账，还发现也有很多中国厂商开始研发制作品牌手账，而且不一定会输给国外大厂的设计哟！

就让我们来看看，现在市面上有哪些手账，以及这些手账可能"适合帮你处理什么样的工作"，或者"适合帮你整理哪方面的生活"吧！

台湾地区的实体店面会贩卖一些比较花哨的万用手册，通常会用卡通人物或是bling-bling（现多指闪闪发光）的 style（类型），不过这不是我今天要跟大家分享的重点。这次分享的是那些把手账当成品牌在经营的厂商，真正为了某些特殊需求或风格而设计的手账。

在介绍前要特别说明一下，以下这些整理并不代表台湾地区的所有手账都在这儿，主要是我实际接触过的手账。如果有遗漏的，欢迎大家告诉我哟！

1. Foufou：二合一，同时管理行程与生活

Foufou 的招牌就是一只可爱逗趣的邦妮兔（Bunny），我当初就是被这只直率
又疯狂的兔子吸引的。他们在 2012 年推出了第一款手账（邦妮的厨房），里面
有满满的 Bunny 插图，非常可爱。

而这款手账也有一个不同于其他品牌手账的特色，就是采用双手账双封面，可以
一本用作月行事历，一本用作体重记录，组合成自己独一无二的手账。概念有点
像是 MIDORI 的 TRAVELER'S notebook（以下简称 TN），不过呈现的形式
还是有差别的。

↓封面

这样的手账其实可以让我们发挥很大的想象力。

其中一定有一本主要的手账用作行事历，那么另外一本要做什么呢？对我来说，想要在接下来的一年好好地做健康管理，那么除了日常行程外，就需要追踪、记录与管理自己的饮食、体重，而这"另外一本"手账，就产生了可以同时做好两项年度计划的功能。

一本是每个人都需要的行程管理，另外一本则是自己特殊的年度目标。

↑别出心裁的双手账

◎ 2. 迪梦奇：带着惊奇的生活插画行事历

这也是我很喜欢的一个文具品牌，他们除了出产手账外，还有相片收集册、装饰贴纸、拍立得装饰贴等。

虽然不像 Foufou 有自己的招牌兔，但是迪梦奇的插画风格都很一致，其特色是利用独特的风格画出一个一个逗趣的人物，甚至是重新描绘童话故事中的人物。

迪梦奇知名的手账系列有：发现新农历、365 好好记，以及迪梦奇半年志。而"发现新农历"偏插画风，所以里面有许多有特色的插画，至于其他几款，就偏向比较简单的线条设计了。

↑ "发现新农历"把农历安排在月记事里，还有非常多应景的插画。对想要用手账管理生活的朋友来说，这个设计会带来意外的惊奇感受，非常适合作为生活手账

↑ 相对于"发现新农历"，其他两款手账的线条比较简单，让大家自由发挥

◎ 3. 实心美术：想要做笔记的朋友的最爱

如果我记得没错，实心美术是 2012 年开始推出自制的品牌手账的，他们最早出产的纸制品也是以笔记本为主，特色是封面的图文，简单却又令人会心一笑。

内页则是清一色的格子美术纸，没有任何插画装饰。

这是一个很大的特色，对于想要"自由发挥手账笔记功能"的朋友，这款手账就很适合了，你可以在上面画自己的插画、灵感图，做自己的行程表，所有空间都可以让你随意记录，并且自由编排。

而且格子的设计，也会让你在画图、画线时"有迹可循"。

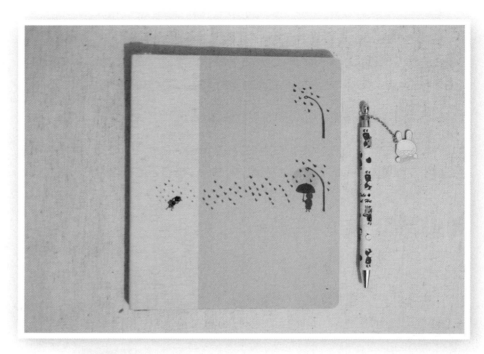

↑ 2012 年推出的手账，同样承袭了这样简单的风格，真的是我看过的所有手账设计里最简单的一款，简单到超难发现日期藏在哪里！

◎ 4. 集日美工：一日一页，让生活更丰富

集日美工的手账以一日一页为主，这在台湾地区比较少见，因为这边蛮少有文具厂商做一日一页。他们的手账特别厚实。

一日一页很适合每天都有许多需要记录、记忆的朋友，或者喜欢把每天的生活以插画、剪贴的方式表现的朋友。

集日美工的手账就跟其官网一样，非常有特色，也很清新，我很喜欢他们的网站风格。此外，手账的封面也会特别找厂商合作，每次推出的款式都不同，还会跟当地很多插画师合作设计封面，我觉得非常别出心裁。

传说中的手账：岁时纪，手账就像一本好书

相信各位文具控对岁时纪应该不陌生，他们的手账设计虽然简单，却很有自己的风格，会在手账里面加入关于节气或是健康等的信息，还有一些超受文青喜爱的诗词。

另外你知道吗？制作岁时纪的并不是文具厂商，而是两个对手账充满热忱的素人，他们将自己设计的手账实体化贩卖，让我们有更多机会接触不一样的手账。但也因为不是专职做文具的，岁时纪的两位制作者未来有各自的发展，所以很可惜，现在已经没有岁时纪的手账了。

但我觉得岁时纪是台湾地区很不错的自制手账品牌，一定要特别拿出来介绍 !!! 也希望各位以后不要忘了曾经有热心的素人贡献了很棒的手账给我们！

◎ 5. 珠友：简单、便宜、实用的好选择

也许有人觉得珠友的手账乍看之下跟日本品牌 Hobonichi（以下简称 HOBO）的
风格类似，但近年珠友的手账已越做越好，渐渐有了自己的风格，尤其是封面的
设计有许多小巧思，所以风格相似的问题其实见仁见智。

珠友最大的特色就是价格很便宜，如果想要入手一日一页却没有太多的预算，可
以考虑珠友的手账哦！

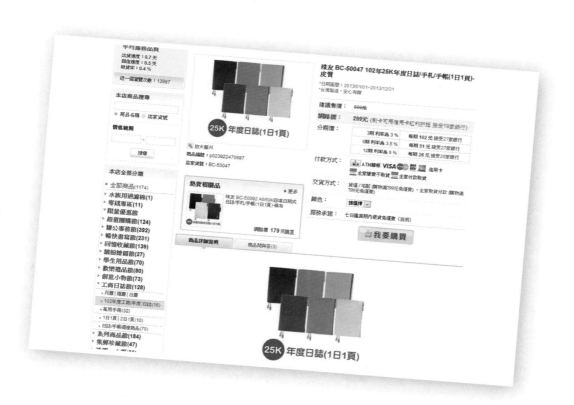

◎ 6. 三莹文具：享受生活的插画日历

常逛金兴发（台湾当地的一家生活百货店）的朋友应该对三莹文具不陌生，他们除了手账之外也出产了很多纸制品的周边。设计偏向童趣插画和铁塔风，如果你是铁塔控，应该会超爱他们家的文具。

三莹的手账设计得也很不错，几乎每一本都有丰富的插画，但喜欢简单风格的朋友可能会觉得图片太多有点乱，不过亲民的价格以及可爱的插画正是他们的特色呢！

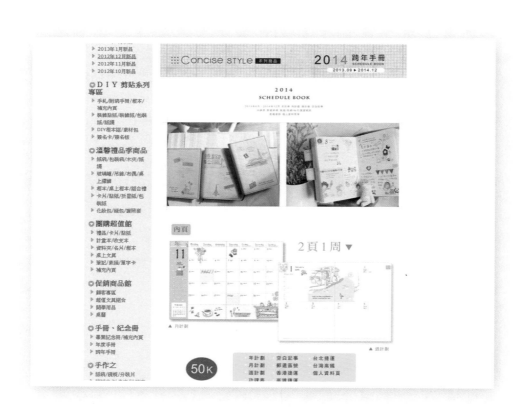

IDEA 1-3
手账王国日本：
给你点子冲击、
充满质感的手账本

日本手账应该是全世界有名到我不用再特别介绍了吧（笑），许多知名的手账都出自日本文具大厂之手，让我们一起来看看有哪些知名文具吧！

1. HOBO：两根书签绳的绝妙巧思

这个……可以不用解释吗（笑）？ HOBO 应该是所有朋友即将踏入手账圈时认识的第一个手账品牌吧！

以我自己的经验来说，我第一个认识的手账牌子就是 HOBO，HOBO 也是我的第一本手账。对我来说，HOBO 最吸引我的地方就是它的封套，还有那两根书签绳的设计，截至目前我都没看过那么好看又实用的书签绳啊！

这就是日本手账有巧思的地方，看似美观或附加的设计，其实是为了解决真正的使用问题。只用这两根书签绳，就可以更快速地翻到你指定的页面，重力点的设计更是让书签不会乱跑。

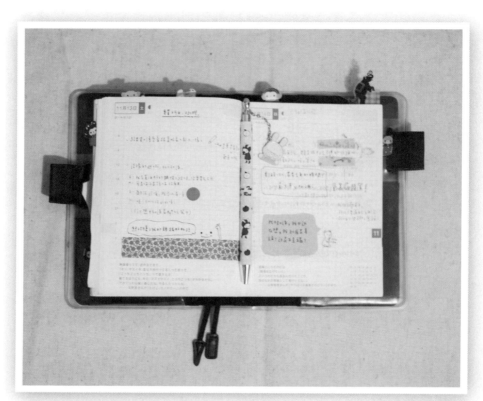

↑无法忽视的 HOBO

↑吸引我的书签绳。目前还没发现其他手账的书签绳设计可以跟
HOBO 一样，实用又不会脱线

◎ 2. MARK'S：尺寸更大更满足

MARK'S 最有名的是让人掉坑掉很深、推坑推很爽的纸胶带！不过他们自家的手账 EDiT 同样很知名，封面样式非常多元，也很有质感。

通常我身旁的朋友会从 HOBO 跳到 EDiT，最主要的原因就是 HOBO 不够写，而 EDiT 的尺寸对他们来说刚好（笑）。关于尺寸，我在后面会提到。

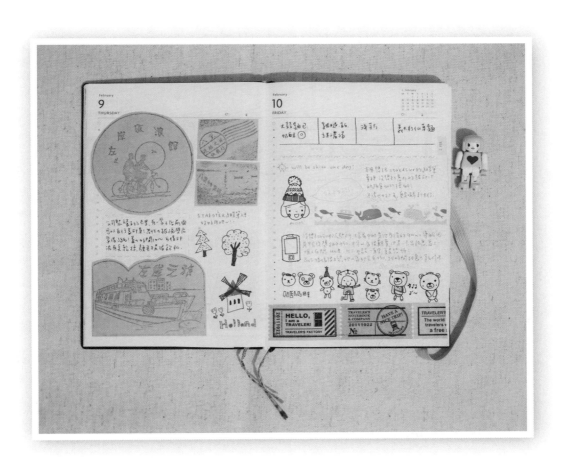

◎ 3. MIDORI TRAVELER'S notebook：
　　自由组装真正属于自己的手账

近年来，MIDORI 的 TRAVELER'S notebook 可说是非常热门了，跟其他手账最大的不同就是你可以自由组装自己想要的内页。

另外，真皮封面也会因为每个人不同的使用习惯而呈现不同的面貌。举例来说，常磨损它或是带着它淋雨，保证会跟小心翼翼放在背包里的样子差很多。

对喜欢独一无二的朋友来说，TN 会是你很好的选择之一。TN 也是我目前在用的手账。

此外，MIDORI 旗下还有很多系列手账，像风格更为简单的 MD PAPER，或是逗趣插画风的欧吉桑手账，同样大获好评。

◎ 4. MUJI（无印良品）：便宜又简单的日式手账选择

日本的畅销品牌，没有人不知道的极简风品牌：没错，就是无印良品！但你知道无印良品也在卖手账吗？只是跟日本专门的文具厂商比起来，他们低调得多。岁末一到，你就可以在货架上或网络商场看到他们的手账商品。

虽然跟其他手账品牌比起来，花样没那么多，风格也很一致，可以选择的封面颜色通常是红、黑、白，但无印良品极简的手账风格以及便宜的价格，还是会吸引很多朋友购买使用。

5. DAIGO：有质感又耐写的手账

购买 DAIGO 的人好像比较少，我也是偶然到诚品逛街才发现这个日本品牌的。虽然"能见度"不高，但 DAIGO 可是个老牌文具，听说已经有 70 多年的历史了。

我还蛮喜欢他们的手账设计，有很多种样式让大家挑选，虽然每本手账的风格不尽相同，但有强烈的品牌特色，我甚至在不清楚牌子的情况下翻阅手账，都能认出这本是 DAIGO 的手账。

此外，手账的纸质也很不错，厚薄适中很好写，有兴趣的朋友下次不妨注意一下 DAIGO 的手账哟！

◎ 6. AIUEO：达人也爱的风格手账

这是知名手账达人垄抠爱用的手账，我也是从她那边才知道有这个牌子的，后来
发现 AIUEO 还出过很多可爱的贴纸，我也曾经买过。

AIUEO 跟 TN 和接下来会提到的 nōfes 一样，特色是采用"左边一周一页 + 右
边空白页"的组合。AIUEO 有逗趣的插画，有的插画甚至会做成贴纸贩卖，非
常吸睛。

◎ 7. Raymay Fujii（Raymay 藤井）： 上班族的首选手账

Raymay Fujii 不是专做文具的厂商，但也有自己的手账品牌 nōfes，我今年是第一次买他们家的手账，感觉还不错，非常有质感，也很好书写，目前被我拿来作为上班记录的手账！

在之后的部分文章的手账范例中，你会看到 nōfes 的身影。对上班族来说，简单又能流畅做笔记，是挑选手账的第一要务。

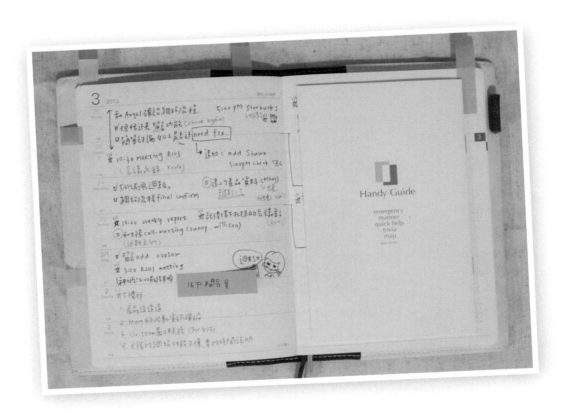

IDEA 1-4
韩国的可爱手账：
千变万化，
让你开心做笔记

韩国也有很多超可爱、超漂亮的手账，但我对韩国手账品牌的了解度没有对前面那些手账的了解度高，因为韩国有网站会把所有手账收集起来一起贩卖，让顾客可以开心地在里面挑选自己喜欢的手账，品牌反而不是那么重要。

不过我还是简单地把几个有特色的或是我喜欢的手账拿出来跟大家介绍，希望大家会喜欢。

◎ 1. Monopoly：清爽可爱风的手账

这个牌子也许大家很陌生，但我相信身为文具控的你一定买过他们家的产品，他们还出过纸胶带、便利贴、贴纸等，当然还有手账喽！你们一定听过这个牌子的手账，叫作 Smiley Diary，这算是喜欢韩国手账的朋友的首选吧！

⊚ 2.fulldesign：充满配件的手账本

韩国手账最吸引人的一点，就是送的周边产品超多，最常见的就是贴纸和书签。

此外，如果跟日本手账比，韩国手账的价格并不贵，而且手账的每张情境图都拍得超漂亮，真的会让你掏钱购买，把自己的手账写得跟情境图一样好看。

像 fulldesign 的这一款就会送手账封套，整体非常有质感！

就像我前面提到的，韩国手账真的超多，所以品牌相对不是那么重要，比如强大的 10×10 网站会把所有手账集合在一起，然后用手账的风格做分类，所以找到自己想要的风格就可以去挑选手账啦！

↓来源：10×10 网站

IDEA 1-5
各国好手账：
历史与文化刺激，
让工作更有新意

当然，手账市场如此广大，绝对不止上述这些国家和地区才有手账，再让我们来瞧瞧还有哪些手账大国吧！

🌀 1. 意大利 Moleskine：经得起时间考验的手写笔记

提到手账绝对不能忘记大名鼎鼎的 Moleskine，其历史悠久到我无须赘述，在网络上随意搜索都能找到完整的品牌与历史介绍。Moleskine 的原产地是米兰，现在除了制作手账之外，还有非常多的特色笔记本。

我觉得 Moleskine 手账的特色是清一色的外皮、少见的硬壳封面，以及看久了眼睛也不会累的偏黄纸质（官方好像称之为奶油色无酸纸），这么多独特的巧思，可以算是很棒的文具商品代表了，难怪 Moleskine 如此受大家喜爱。

◎ 2. 法国 Quo Vadis（跨万时）：把手账当作人生的情人

这是法国的老品牌手账，在 1952 年诞生，可以说是世界上第一个发明一周一页（把一周的行事历呈现在同一页上）的品牌。而他们的官方网站有一句很棒的slogan（标语）：

J'ai rendez-vous avec ma vie（我与我的人生约会）。

想想看，通过手账把自己的人生记录下来，并且在上面做规划，和手账面对面"约会"，使其成为最好的助手与朋友，是一件多么棒的事情！

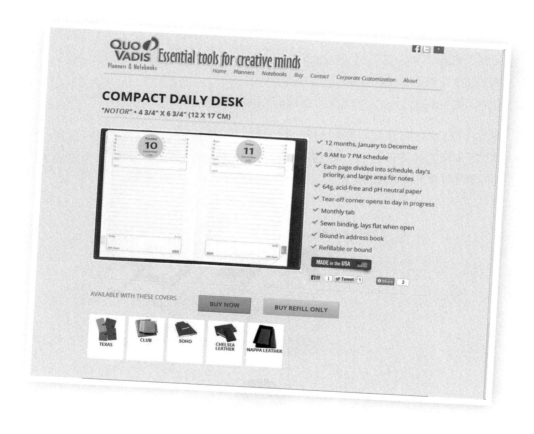

◎ 3. 德国 teNeues：赏心悦目的好评手账

teNeues 不是专门做手账的品牌，不过他们的手账也蛮受欢迎的，尤其是 2010 年、2011 年推出的艾丽斯手账，绘画的风格颇受大家好评。

IDEA 1-6

手账尺寸是关键：
大有大的效率，小有小的便利，
你需要的是……？

认识了那么多手账品牌之后，可以开始买手账了吗？哎，先别心急，在选购手账之前，我们先来了解常见的手账规格吧！

鉴于手账必须有"可移植性"的特点，所以常见的手账尺寸为 A5 跟 B6。

但也有很多知名品牌会推出一些特别的尺寸，例如 Moleskine，如果想买 Moleskine 的手账，你很少会看到哪里标明这本尺寸是 A5 还是 B6，他们家的产品会按 size（大小）做区分，比如口袋型、迷你型等。如果大家想要了解一些特殊尺寸的手账，我会强烈建议去一趟实体店，把你购物清单中的手账都实际摸过一遍、看过一遍，才能更清楚地知道自己适合哪一种尺寸！

我在这里列出几种常见的手账尺寸给大家做参考，要特别注意的是，这些手账尺寸都是在"手账未打开"的状况下量的。

手账的大小会影响携带的方便性，简单来说，如果不需要常常带手账出门的话，可以挑大一点的尺寸。

常见的手账尺寸就是 A× 及 B×

A 尺寸：   B 尺寸：
A5：210×148   B5：257×182
A6：148×105   B6：182×128
A7：105×74   B7：128×91

一些知名品牌的手账尺寸如下（品牌手账因为产品较为固定，所以如果官网注明了手账厚度的话，我会加上去）：
1. HOBO：
A5：Cousin（210×148×17）
A6：文库（148×105×14）
特殊规格：Weeks（187×95×9）

2. MARK'S：EDiT   3. MIDORI：
A5：210×148   A. MD PAPER：
B6 变形：180×120   文库：148×105×10
A6：148×105   A5：210×148×10
B7 变形：120×70   新书：175×105 ×10
                                     A4 变形：275×210×10

4. Moleskine：   B. TRAVELER'S notebook：
A4：210×297   一般尺寸：210×110×4
加大型：190×250   护照型尺寸：124×89×4
大型：130×210
口袋型：90×140
迷你型：65×105

注：单位均为毫米。

IDEA 1-7
手账的门面：
风格决定行动，
适合你的手账封面是……？

我相信设计师在设计每一本手账时，一定都知道该手账专属的故事与风格，尤其是做成品牌后，强烈的风格可以让人一眼就认出这是哪家的手账。像我自己在挑选手账的时候，往往第一个考虑的就是手账的封面（或者封套）设计。

我觉得封面的吸睛度会决定大家要不要翻开这本手账看里面的细节，而当真的拿来工作时，一个适合你的封面会反映出你的工作态度、生活气质，并且会让你更想打开手账做整理。不知道大家跟我的想法是否一样？

当然，手账的风格千百种，不过大致还是可以归成以下几类：

1. 简洁风

顾名思义，就是手账的封面与内页设计都没有多余的图案，由很简单的线条或是方格组成。但可别小看简洁风的设计，其实极简的设计往往是最难的，因为要考虑如何从这些简单的线条中做出变化，让顾客买单，同时让顾客觉得花那么多钱是值得的。

众多日本知名品牌是简洁风的代表！

无印良品、HOBO、EDiT、TN，全部是浓浓的简洁风格。就像前面所提到的，简洁风格的设计很难，所以在一片简洁风的比拼下，细节的处理以及巧思的变化就显得更加重要了！

↓日本手账的巧思，你看出来了吗？

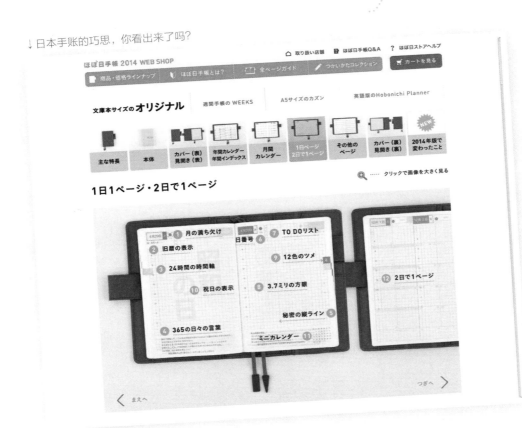

◎ 2. 插画风

相较日本手账的简洁风，中国台湾地区和韩国的部分手账则带有浓浓的插画风
格。像前面提到的迪梦奇的"发现新农历"，在月计划的部分就有非常多可爱、
应景的插画，让我看了超心动、超想买。

韩国有更多的插画风手账可选择，每一款都非常有特色，喜欢插画风的朋友应该
会深陷韩国手账而不可自拔吧。

◎ 3. 复古风

复古风跟我们下面要提的相片风，都经常出现在韩国手账上。我觉得韩国的手账风格是最多变的，当然每个国家的特色都不同，所以绝对没办法比较孰优孰劣。我找手账，都会挑选自己喜欢的风格以及版式，很少以国家去做区分。

简单来说，复古风就是带着复古线条的插画啦。复古风的手账不常见，但复古风的贴纸可是很盛行的呢！

◎ 4. 相片风

这种手账很适合话不多，却又想要把整个手账填满的朋友。

顾名思义，相片风是在手账里放上许多风景照或是有意境的、漂亮的相片，而这些相片的尺寸都蛮大的，可以让自己少写一些字，又可以给手账增添装饰，对某些朋友来说也是很具吸引力。相片风的手账在中国台湾地区蛮少见的，不过还是能在一些文具店看到；至于日本，我几乎没看过这样的风格。所以不意外，相片风手账还是以韩国手账居多。

IDEA 1-8

重点中的关键：
手账内容编排，
你明年需要什么计划？

终于讲到最重要的部分了！没错，就是手账的内容与结构，除了整体风格之外，
这部分才是我们选购手账的重要因素啊（激动）！

手账的基本结构，不外乎以下这些项目：

1. 今年（以及前一年和后一年）的年历

2. 年计划

3. 月计划

4. 周计划

5. 日计划

6. 空白页

7. 附录页

8. 个人资料页

当然，这八项不一定都要丢到同一本手账里，厂商设计手账的时候会依照不同的
消费人群定位，安排不同的内容。例如，附录页往往会因为国家、文化不同，或
是手账品牌风格不同，设计不同的附录信息。

但在设计手账的时候，原则上都不会脱离这八大项，那就一起瞧瞧到底有哪些主
要内容吧！

◎ 1. 月行事历

月行事历算是手账最重要的一环，说是核心架构也不为过。大家试着回想一下，从以前到现在看过的手账，哪一本没有月行事历呢？（好啦，其实集日美工最早出过一版舍弃月行事历的手账。）

虽然月行事历很重要，但只有月行事历的手账并非目前主流。

以月行事历为主的架构，舍弃了周计划以及日计划的设计，可能是考虑到重量的因素，不过的确也有部分人会选择只有月行事历的手账，之后会有更详细的说明。而因为只有月行事历，手账的空白页也会多一些。

↓月行事历的手账会有很多空白页让你自由发挥

◎ 2. 一周一页，一周两页

我们这里提到的"一页"是"一面"的意思；一周一页表示手账一面会塞满七天
（周一到周日）。

而一周两页就是这七天会塞在左右两面，配置通常是左四右三，有的手账还会把
周六跟周日合并成一栏，视觉上较为平均。

这种配置的变化还蛮丰富的，常有不同的手账排版风貌。

→TRAVELER'S notebook
是典型的一周一页

↓一周两页的手账

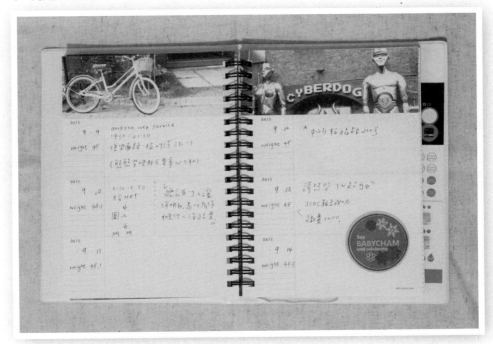

◉ 3. 一日一页：目前主流！

一日一页可说是目前最主流的手账模式，通常又可分为自填式日期以及已填式日期两种。

自填式日期的发挥空间比较大，页数相对也会少一点点，通常是 300 页上下；已填式因为每一天日期都帮你补上了，所以最少也一定有 365 页，可别小看这差的 65 页，光是重量就差很多了。

此外，一日一页因为书写范围大，所以非常适合拿来做日记或是贴票根、传单等，也可以让大家满足自己的装饰欲，用途非常广，无怪乎成为现在最潮的手账。不过也会因为贴的东西渐多，重量逐渐攀升，堪称最像砖头的手账。

IDEA 1-9

琳琅满目的手账，
怎么确认自己的需求？
我该如何挑选，才能重整生活？

多到爆炸的手账品牌、目不暇接的风格、各有千秋的架构编排，哇，真的是看得我们眼花缭乱。不知道各位会不会有这样的感受：每到年底手账大赏的时候，总是这个手账也想买，那个手账也想买，最后买了一大堆却都没有好好利用；或是迟迟下不了决心，拖到明年还是不知道买哪一款。

如果你常有类似的困扰，可能是你还不太清楚自己适合哪种手账。要知道手账跟衣服不一样，是没办法买来然后每天更换的。手账是一年性的商品，买了，这一年就要好好地使用，把它当成你的唯一，千万不要三心二意！

以下就让我来跟各位分享我挑选手账的方法，希望可以带给大家不同的想法。

◎ Step 1. 想想自己要写什么

买手账之前，我会先思考一件事情：要买几本。也许大家会觉得很奇怪，我前面不是才提过不要三心二意买一堆手账吗，怎么现在好像又鼓励大家手账多多益善呢？

其实我的中心思想很简单，就是这句话："买了就要用，不用就是浪费。"

当然可以买很多本手账，但你要知道怎么利用这些手账去妥善规划行程，或是记录生活，我想这才是最重要的。

手账的使用习惯大略可分两种：

1. 把想写的东西分散在不同手账上。

2. 只使用一本手账。

有的人喜欢把东西分门别类地记录，例如以工作、规划、心得等为区分；有的人则喜欢大杂烩，通通写入一本方便查阅。这当然没有对错之分，完全看个人的喜好，所以可以试着思考一下，你比较喜欢怎样的记录方式？

如果没有头绪的话，你可以先买一本慢慢记录，再视情况做调整。除非一开始就很了解自己的记录习惯，不然都需要慢慢摸索，这是正常的，千万别灰心。一年以后就可以了解自己的使用状况了。

↓要一本厚手账还是多本薄手账，就看自己的喜好

◎ Step 2. "纸"好写好用是关键

有品牌情结好还是不好呢？这同样见仁见智。但依我自己的状况，我多少有一点品牌情结，因为每一个品牌手账的纸质和设计都会有些差异，而我刚好就对以下这两点非常执着，所以会特别注意某些品牌的手账。

| 纸的书写舒适度

| 排版设计

关于"手账用纸"，我强烈认为这其中大有学问，而且不是大家觉得好写的纸就会适合你，买一本全新的没用过的品牌手账就像是一种风险投资，就算在店里摸过、看过千万遍，买回家写字又是另外一回事了。

日本手账的纸质

就我买过或接触过的手账来说，日本两个大品牌 HOBO 和 MARK'S 的手账纸都偏薄，但很好写，不会让你有一撕就破的感觉，我想这就是它们那么受欢迎的原因吧！就跟轻薄笔记本电脑一样，大家都喜欢轻薄又好写的纸张。

不过对我来说，我最喜欢的是 DAIGO 以及 TN 的纸质，不像 HOBO 和 MARK'S 那么薄，但也不厚，总之就是厚薄适中，当然也很好写。

韩国手账的纸质

我买过几本韩国手账，发现韩国手账的纸都偏厚，虽然不影响书写，可是如果你是喜欢在手账上剪剪贴贴的朋友，贴的东西多了，可能会妨碍翻页。而且纸厚重量原本就不轻，贴太多东西会更重，无法久背重物的朋友可能要特别注意。

中国台湾地区手账的纸质

中国台湾地区手账的纸就跟平常写字的纸没差多少，我没有特别研究过纸的种类，但我觉得跟我那年代的高中课本纸质很像。另外，有部分手账会采用比较吸水的美术纸，我自己不太喜欢这种纸，所以即使再怎么喜欢它们的封面设计，也不会买来作为主力。所以一本顺手、好写的手账，"纸"真的是很重要的因素。

每一个品牌都有自己偏好使用的纸，如果你跟我一样蛮挑纸的，也许可以考虑挑几个喜欢的品牌优先筛选。

◎ Step 3. 选择适合自己的手账版式

当我确定了手账的用途以及想买的品牌的纸质，就可以开始找喜欢的手账版式了。至于手账价格，完全不在考虑范围内（大笑）。

1. 月行事历：轻便快速的行程规划

只有"月行事历"的手账其实并非主流，但喜欢这种设计的朋友大有人在，像我就是其中一个。因为舍弃了厚重的"周计划"以及"日计划"，所以重量轻很多。月行事历通常比一般手账有更多的"空白页"，我喜欢空白页多一点，空白页可以不受日期限制，想到什么就写什么，所以自由度很高。

如果你跟我一样，不喜欢背很重的手账，只想简单地记录行程或是会议事项，以及喜欢有很多空白页可以随手记录或剪贴的话，或许从明年开始，可以考虑使用月行事历。

我曾经买过的月行事历有两家，分别是 DAIGO 以及无印良品。我喜欢 DAIGO 的设计以及纸质（个人真的超喜欢 DAIGO 的纸，因为很好写），无印良品是因为价格便宜，设计也蛮简单的。不过月行事历不是主流手账，所以市面上没有很多款式可挑选，希望以后可以看到更多文具品牌推出这类手账。

接下来介绍的这些手账，除了 MIDORI 的 TN 之外，每本都会搭配月行事历。上面提到的月行事历，很单纯地只有月记事；但以下的手账编排，以一周一页为例子，手账就会是"月行事历 + 一周一页"的组合。

PART 1
PART 2
PART 3
PART 4
PART 5

2. 一周一页：适中的记录空间与规划弹性

常见的排版就是左边七天，右边空白页自由发挥。我现在用的手账就是这种模式，对我来说，它少了一日一页的厚重，却依旧保有每天记录的空间弹性，记录空间不像月行事历的格子那么小，此外右边的空白页可以作为每一天的延伸，或是选择自由发挥。

简单来说，就是一本便携又有弹性的手账，我个人还蛮推荐的。如果你的字没多到能填满一日一页，就可以退而求其次选择一周一页，偶尔想到利用空白处写个小日记也很不错。

我目前用的手账是 TN 的一周一页，就像前面提到的，它没有搭配月行事历，所以我所有的行程都写在周计划中，虽然无法一次看到一个月，但能看到一周也足够了。

↓ TN 一周一页

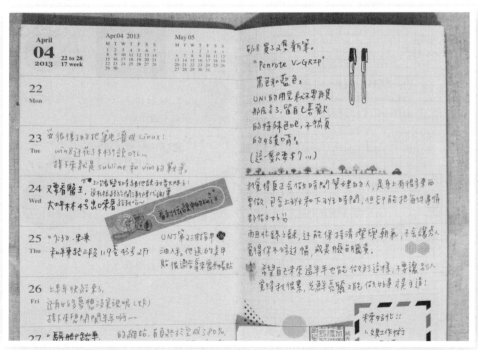

3. 一周两页：最适合时间管理与计划

当一周占满两页后，就没有多余的空白页了，而且因为手账已经有厚度，附录的
空白页也不会太多。看到这儿你应该就知道，我自己很少买一周两页，应该说从
来没买过。其实我第一次看到一周两页就觉得它很适合拿来做"时间"的规划，
如果你经常开会，或是需要记录"从几点到几点"的这种时间分割，也许一周两
页会适合你。

如果是含时间轴的一周两页，相较之下，就没办法写什么小日记或是粘贴东西，
所以拿来作为记录正事的上班手账应该还不错。

↓来源：sapphire0408 的博客

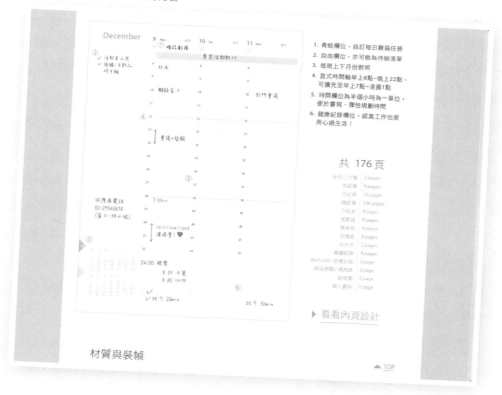

4. 一日一页：最能自由发挥的手账

当当，终于来到最后、最强大的一日一页。它到底有什么迷人之处呢？简单来说，一日一页拥有"什么都有、有什么都不奇怪"的强大阵容，所有你想到的功能一日一页都能满足你！

月行事历？有！

足够让你疯狂挥洒、疯狂剪贴的版面？有！

方便规划时间的时间轴？有！

可以写小日记？可以！甚至还可以写大日记！

一日一页最大的好处就是可以让你百分之百自由利用，但最大的小缺点就是你会不自觉地把很多东西塞进去，看到什么都想粘贴，导致后来手账爆开，重量也暴增，对于不喜欢背重物的朋友，这会是个瞬间降火的因素。

我第一次接触的手账就是 HOBO，当时也是好兴奋，看到什么都丢进手账，最后还不到半年就重得像砖块一样不想带出门。当然如果不粘贴太多东西在里面，一日一页倒也不会重到不可背负啦，只是我想文具狂都有一种想把手账塞满的执着吧（笑）。

PART 1 让一本好手账改变你，　047
　　　　创造成功行动！

PART 1

PART 2

PART 3

PART 4

PART 5

↑ 一日一页的大容量，可以写非常多的东西

IDEA 1-10

找到一本好手账，
改变你的生活习惯——
我的私房挑选心法！

最后总结一下，在"需要随身携带"的前提下：

1. 希望拥有最轻的重量，不会花太多时间记录手账，纯粹把手账当成行程确认的工具，推荐你用"月行事历"。

2. 除了基本的行程与会议记录之外，偶尔会写点心情小日记，或是剪贴广告、票根等，但不喜欢背太重的手账，推荐你用"一周一页"。

3. 时间常常被分割，需要记录"几点要做哪些事情"或者是"几点到几点的行程"，对于剪贴没有那么大的需求，推荐你用"一周两页"。

4. 什么都想记，记什么都不奇怪，而且爱扛"砖头"，推荐你用"一日一页"。

PART 1 让一本好手账改变你， 049
创造成功行动！

PART 1

PART 2

PART 3

PART 4

PART 5

IDEA 1-11

买手账实战心法：
跟着我这样测试，
找到最适合你的手账！

除了知道哪种手账的编排适合自己外，还有一些选购的小细节也要考虑进去。

🌀 1. 摊平

线装的本子可以 180 度摊平，胶装的如果硬要摊平会有掉页的危险。线圈本同样能摊平，但线圈会硌到手，不好写。

现在很多线装手账都标榜可摊平，在购买前可以稍微确认一下。

PART 1

PART 2

PART 3

PART 4

PART 5

◎ 2. 纸质

厚度不相同的纸除了前面提到的会影响重量外，对书写的舒适度也有影响。当然，好写与否又跟选的笔有关系，现在大家多半会用钢笔、圆珠笔及中性笔这三大类，我对笔没有什么研究，所以就不班门弄斧了。不过越细的圆珠笔越容易划破纸，所以我喜欢用 0.38 或 0.5 的圆珠笔及中性笔。

◎ 3. 边角弧度

有的手账会特地裁成圆角，有的会保留原来直角的设计，这两种都有各自的拥护者，但如果要放在包包里，我建议选择圆角的，这样边角不容易被折到或翘起来。不过有的人就是喜欢那种用了很久、破破烂烂的感觉，所以真的见仁见智。总之就选你自己喜欢的吧（笑）！

↑直角跟圆角设计纯看个人喜好

◎ 4. 以周几为开头

有的人习惯把周一当作一周的第一天，有的人则习惯周日。所以有一部分品牌的手账在设计月行事历时，会做两个版本给大家选择。但大部分的手账只会出一版，如果刚好不是你习惯的模式，买回来可能会用不顺手，所以这也是在选购前要注意的小地方。

PART **2**

超高效学习法

更多新技能get！笔记整理术

IDEA ·········· ◆ ·········· IDEA

IDEA 2-1

学习是一件特别的事，
无论是否已经毕业了，
我们都需要专属学习笔记法

"我的青春小鸟一去不回来"，毕业多年的我，每当看到"学生"这两个字，脑海里总是会闪过这句话。进入社会后，才发现当学生是件多么幸福的事情，读书以及学习知识是很愉悦的，小时候总是不懂为什么要学这些科目，长大后才发现时常会用到以前学到的知识，尤其是跟朋友聊天或是独自做什么事情时！

学生时光真的很重要，尽情享受年少时光的同时，也要认真读书，学习知识！

当然，正式上班后，我开始发现仍然需要坚持学习，去听各种讲座、参加培训，让自己保持想法、技能的更新，学无止境真的一点都没错，而这时候，我们就需要掌握有效的学习笔记法。

那么学习用途和工作用途的手账有什么不同呢？

工作手账多半是记录跟自己的工作有关的会议结论，或是延伸出来的新议题，此外就是工作的待办事项，还有项目规划、项目进度，等等；学习手账会以记录学习计划、考试科目及范围和时间、培训时间、练习作业为主，另外也会利用手账规划考试进度，还有最重要的就是记录学到的重要知识点。

把这两者加以区分，是你活用手账、更有效率的第一步。

◎ 不要小看这个字！随时唤醒你的写字能力吧！

学生时期因为每天都需要抄笔记，所以我觉得这也是个非常适合练字的好时期！

等到正式上班后，我们的大部分工作都用电脑来处理，这时候去听演讲、做笔记，可以试试看回归手写，让已经生疏的"写字能力"复苏。

还记得以前，我很喜欢看字写得好看的同学所做的课堂笔记，总是会在不忙的时候借来看，美其名曰想借来复习，事实上是为了看他们写的字，因为光看他们的字就是一种享受啊！当然，不仅如此，手写文字是思考过程的一个辅助，整齐、有个性的文字其实也反映了你的思考风格，在后续阅读整理时也能强化你的记忆，有助于复习，一举多得哦！

↑ 很爱收集好看的字，在练字的过程中会强化思考

IDEA 2-2

重回学生时代！
保留美好青春时光，
每个人都需要的两本学习笔记

现在，就让我们重回高中的青涩时光，先看看 MUKI 帮大家准备了什么样的学生文具组合包，一起来做笔记吧（握拳）。为什么不回到初中或是大学呢？哎哟，大家难道没发现纯纯的学生回忆都是停留在美好的高中吗？不然为什么一堆少男少女漫画，男女主角都是高中生啊（笑）。

学生时代有属于自己的课桌椅，虽然不像上班族那样可以东贴西贴，还有小小的移动柜，但我们依然可以将常用的装饰文具放在抽屉里以备不时之需。另外，如果没有每天回家复习的习惯（我相信多数人都没有），也可以选择将笔记放在学校抽屉里。当然还是要提醒大家，千万不要放太贵重的物品在公共场所。

有别于工作时的简洁风格，学习文具可以选用偏花哨的或复古风，当然这纯粹看个人喜好啦，不一定要照我推荐的风格搭配！ It's up to you（你做主）！

↓这就是我在学生时代使用的文具组合包

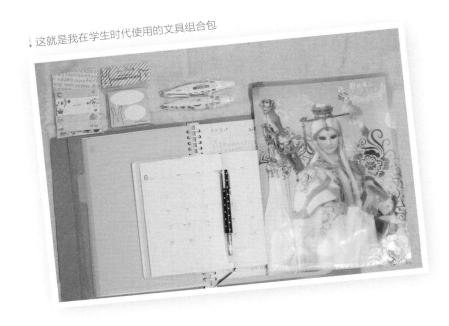

◎ 1. 学生生活充满了考试、社团与活动！

学生通常需要一本手账记录老师每天布置的作业、第二天要考的科目等比较琐碎的事情，如果没有提前准备好就惨了。参加社团，或是运动会、春游、校庆这些大型活动开始前，同样要记录好多该注意的事情呢。

所以，我觉得学生如果要把这些琐碎但每一个都要参加的活动记下来，可以利用一个月两页的手账，这样每次翻开手账，就会看到左右两页呈现的这个月的丰富行程！

在这样的月行事历中，也可以好好提前规划复习考试，跟进社团比赛之类的进度。作为上班族的充电学习手账，最好也将与学习计划相关的事情单独记下来，为学习的稳步推进留出空间。

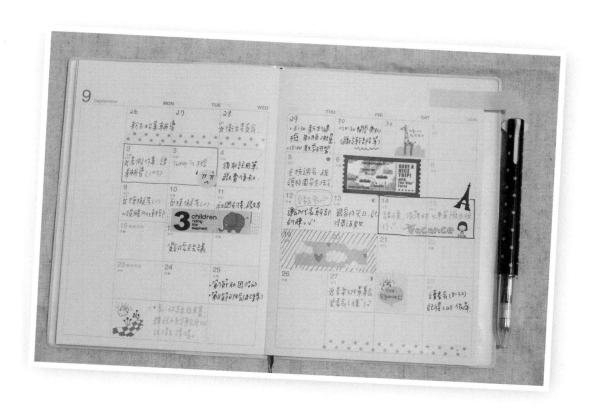

◎ 2. 有太多课程、重点与讲义要记录怎么办?

对学生而言,可以随时抽换活页纸的活页笔记本,应该是非常好用的笔记工具之一。

活页笔记本最大的特色就是可以把"笔记本外皮"和"纸张"分开来,如果今天要带的书已经很多了,再带个厚重的笔记本,相信有人会超级犯懒,加上前面写过的笔记可能今天完全不需要,很多人就会选择不带笔记本,改为记在课本上或其他地方,但这样就失去笔记本的意义啦!

所以换个方式,我们可以选择不带笔记本,改带活页纸!

活页纸携带方便,当一整天有不同的科目需要做笔记的时候,利用不同的活页纸记不同科目的笔记是个不错的选择,等到回家再把今天的活页纸装回活页笔记本。

对于节奏匆忙的上班族,这仍然是非常便利的做法。除了必要的电子设备,尽量少带其他物品,就不会因为突发状况损失惨重。

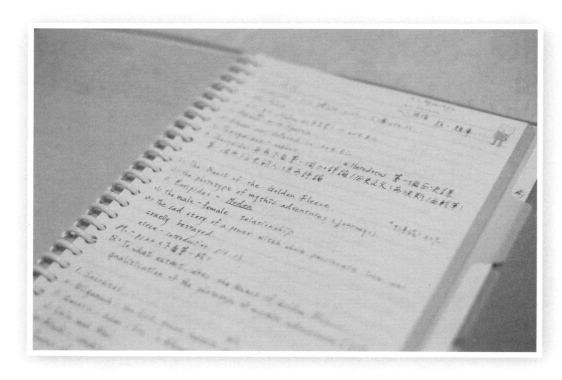

◎ 3. 学习笔记、考试计划的整理小技巧

有了活页笔记本，当然也少不了活页分隔板。

分隔板，顾名思义，可以帮我们把活页纸做区分，在想要分类的活页纸前面插入分隔板，就完成了分类的动作。

以学习笔记本为例，分隔项目可以是"科目"或是大范围的"文科 / 理科"（不过常见的还是用科目区分）。上班族的充电学习笔记本，可以用"语言"或"会计"等大类区分，也可以具体到"语法"和"单词"等。无论是以什么分类为基准，使用分隔板之后要找特定内容都会方便许多。

IDEA 2-3

聪明整理杂乱知识，
让手账功力大增——
一定要的学习文具懒人包

◎ 1. 请准备三色笔数支

个人觉得三色笔真的是个很棒的设计！可以将喜欢的颜色放在同一根笔管内，方便切换，需要大量写笔记的时候，速度也会快许多。还记得我小时候喜欢手上拿着两支笔随时切换，但跟三色笔的切换比起来，速度还是慢不少。

学生也很喜欢用花花绿绿的颜色做很多笔记，所以喜欢多种颜色的朋友，可以考虑买很多三色笔放在笔袋里，毕竟一支抵三支，不会占据太多空间。

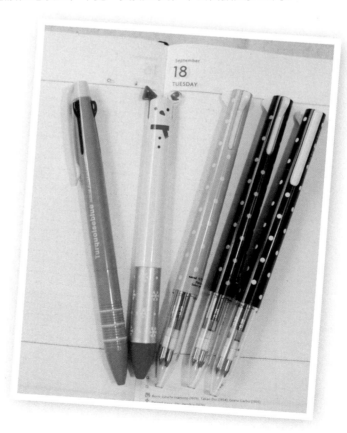

◎ 2. 记得携带创意便利贴

当笔记多到写不下，或是遇到超级重点，需要用抢眼的装饰性强的东西来提示时，便利贴真的是非常好用的！

当然，绝对不可以忘记的是：便利贴也是朋友间用来传字条的爱心小物啊（羞）！

所以多准备一些可爱又有创意的便利贴吧，不管是用在自己的笔记本上，还是和朋友传字条，看到这些便利贴，心情都会变好哦！

3. 活用不太一样的便利贴

便利贴跟分隔板的作用类似，都是为了让我们可以"快速找到想要的内容"。如果在学习上要将两者再做区分的话，分隔板的功能可以看作"分隔科目"，而便利贴的功能就像是提示"每个科目里的重点笔记"。

另外，在使用便利贴的时候，露出的长度要尽量比分隔板短，这样才可以让分隔板保护便利贴，防止便利贴被破坏哦！

毕竟便利贴的材质比分隔板脆弱。

什么?! 这样的便利贴折不坏! 尽情放进包包里也能保存!

在手账上使用便利贴,可能会超出手账的边缘,如果怕把手账放进包包而导致便利贴烂掉的话,我建议大家用偏塑料材质的便利贴。虽然还是会变形,可是跟纸质便利贴相比,倒是没有那么脆弱。

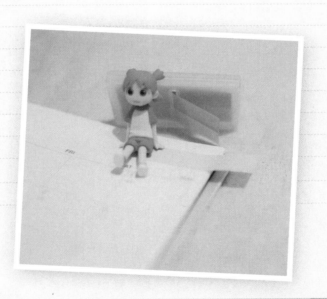

◎ 4. 可以画重点的高调花边带

我在学生时期还蛮喜欢用一些高调、可爱的文具来写笔记，毕竟漂亮的笔记真的会吸引人一直看下去。

花边带是近几年热门的文具之一，形状跟使用方式都很像修正带，只要对准想要使用的地方轻轻一拉，就可以印上非常有趣的图案，不得不佩服文具厂商丰富的创意。

像这款有"POINT"图案的花边带，就很像老师（敲黑板）说"必考，画重点"的情境啊，马上加个 POINT，重点一清二楚！

◎ 5. 把你的讲义收纳进文件夹

可以收藏纸张的文件夹，应该是不可或缺的文具之一。我们可能会做各种不同类型的讲义，那要怎么快速地对这些讲义进行分类及收纳呢？

这时候请拿出文件夹！我们也可以利用纸胶带或是便利贴，在文件夹的封面上写上收纳的类别，这样就能快速找到想要复习的科目喽！

以上这些是适合学习充电的随身携带的文具，希望可以给大家参考。

IDEA 2-4

在哪里写笔记好？
教材、讲义、手账、活页笔记本？
我的笔记整理攻略

俗话说得好："只要有纸的地方，就有笔记。"虽然随便拿张纸记录就可以达到记笔记的效果，但是我们追求的应该是系统、好整理、一目了然，在考前可以快速回顾复习的笔记。

所以我会建议大家"只选择一个地方"，不要东跳西跳的。将笔记集中在一个地方，之后要复习的话真的比较容易。

但我认为，没有一种笔记法是错的。不管做什么事情，只要大方向对了，在达到目标的过程中，调整找到适合自己的方法，就可以了。

◎ 在教材上做笔记的好处与坏处

在教材上写笔记最大的好处就是可以随时查阅以及对照，最常在教材上写笔记的大概就是语言类科目，会有很多字词需要批注，如果直接写在字词旁边，能够直接了解其意思，学习起来很方便。

但教材的行距、段间距不大，所以也会造成部分笔记在写的时候太过拥挤，等到回头要复习却看不清楚，或是不记得这句话是哪一段的解释的状况。

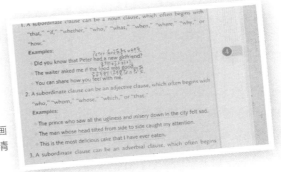

→如果上下两句话同时画线了，你第一时间分得清楚这是哪句的解释吗？

另外，如果爱用花花绿绿的笔来写笔记，在教材上一眼看过去可能真的会很杂乱，这时候反而会降低你的效率，因为看起来很吃力。

⊙ 在讲义上做笔记的好处与坏处

写在讲义上跟写在教材上类似，也是可以随时查阅跟对照，不过讲义的行距、段间距比教材要大，通常也会有许多留白的地方让大家做补充。

我想起以前上学的时候，有的老师边发讲义边告诉我们，他这次特地把间距调大，这样大家就可以直接在上面写笔记了（真是贴心的老师）。

虽然在讲义上做笔记很方便，但有的科目并没有事先整理好的讲义，有时所谓的讲义其实就是一本参考书，和教材并没有太大区别。再者，学生时期最容易弄丢的东西就是讲义啊！如果一开始没有系统地整理收纳，到考前一定有很多讲义都找不到。

因此就像前面推荐的文具组合包，大家可以利用文件夹收集自己写过的笔记和讲义！

◎ 在手账上做笔记的好处与坏处

如果想在手账上做笔记的话，分量十足的一日一页会是较优选择。但如果同一天恰巧有许多科目要记录的话，应该连一日一页都不够写吧。老实说，我不太推荐在手账上写笔记，对我来说，手账比较适合记录、规划行程，或是做会议记录、写小日记等，这类事务简单又明确。

↓手账适合写笔记，还是记录行程呢？

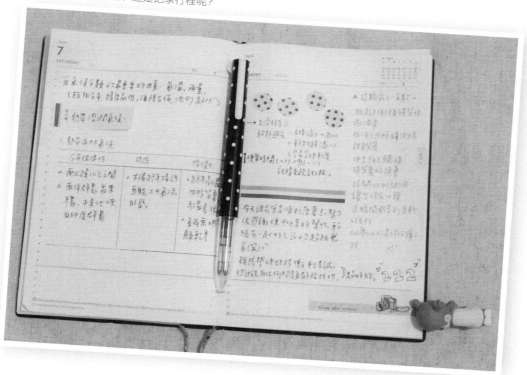

◎ 在活页笔记本上做笔记的好处与坏处

最后一种常见的方法，就是买一本专用的笔记本（力荐前面提到的活页本），将所有笔记统一写在笔记本上，然后用科目分门别类，这样以后要复习也方便许多。

或者你也可以准备很多本笔记本，每本各代表一个科目。但如果每一天要学很多不同的科目，而且每一科都需要做笔记的话，背包负担也太重了，所以还是推荐利用活页笔记本，可以随时抽取。如果不想带整本厚重的活页本，可利用文件夹将零散的活页纸收纳好，如此可以减轻重量，也不会让活页纸乱跑，非常方便。

以上几种做笔记的方法，我最推荐的就是这种，因为使用活页的好处有易携带、易扩充以及易整理，除了不方便跟教材对照外，几乎没有什么缺点。接下来跟大家分享我自己使用活页笔记本的一些心得！

IDEA 2-5
最佳学习笔记就是
活页笔记本——
弹性利用与挑选原则

⌾ 1. 选择笔记本的尺寸大小

相较手账，活页笔记本的尺寸倒没有那么多选择，也不会有变形版本。常见的就是 A4、A5、B5 这些尺寸。大家选择活页笔记本的时候，当然要以可以放进背包为原则。

根据常见的背包尺寸，通常我会建议大家买 A4 活页。

一般的双肩背包或者电脑包里放 A4 活页和文件夹是没问题的，大部分教材的尺寸也不会超过 A4，把活页纸和教材、参考书放在一起随身携带比带很多不同尺寸的笔记本要便利得多。

如果还嫌累赘，甚至可以把文件夹放在家里，平时只带 A4 散页，回到家再花点时间整理学习的笔记，这也不失为一个好办法。

⊚ 2. 选择有扩充优点的品牌文具

就像在第一部分中提过的，品牌厂商旗下的产品都会有很强烈的品牌风格，可以让大家看了商品之后，就能知道这个商品是哪个品牌的。

以活页笔记本为例，不用多想，无印良品一贯走的就是简约路线。

但你知道吗，中国台湾地区也有很不错的品牌，产品也很有自己的特色哟！像文具厂商三莹，他们家的产品偏可爱插画风，又以铁塔图案为主打，所以看到可爱的铁塔插画，脑中应该会闪过三莹文具吧。喜欢插画风的朋友，不妨试试看三莹文具，支持一下本地品牌。

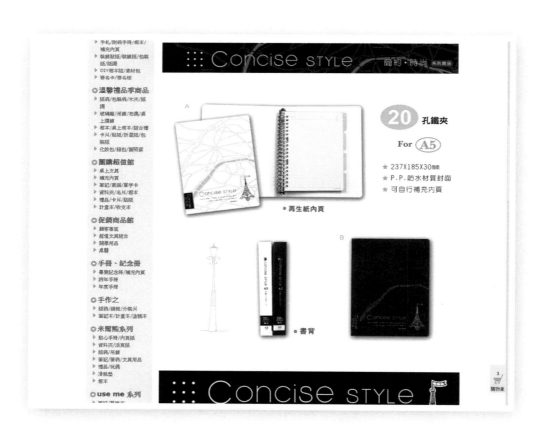

但是，买这些产品一定要挑品牌吗？其实不一定，就像买衣服有时候也是喜欢外观，而不是特别挑品牌。有时间的朋友， 可以到书店或文具店逛一圈，看到喜欢的产品，感觉对味了，就可以将产品买回家。

不过我还是会推荐大家买品牌文具，因为像活页笔记本这种需要一直扩充的产品，最怕的一件事情就是"买不到匹配的活页纸"！

品牌文具通常会一直生产适合自己产品的活页纸，风格或尺寸都很一致，方便让我们做扩充。如果买品牌的文具， 活页纸停售的概率不大；但如果是突然在文具店看到而购买的非品牌文具，之后想再买同样的活页纸做扩充，就不一定找得到了。

所以在购买活页笔记本的相关产品或是任何需要扩充的文具产品前，建议大家先思考一下日后是否容易买到相关的配件。

◉ 3. 在笔记本上分隔科目的方法

之所以会推荐大家购买活页笔记本，除了可以减轻携带重量之外，还有一个原因，那就是在扩充的产品里有"活页分隔板"。

活页分隔板，顾名思义，可以插在任何地方，想要多放几块分隔板或是减少分隔板数量都没问题！

我在前面特别提到过分隔板和便利贴的差别：分隔板是用来分隔科目的，便利贴则用来标记重点（不分科）。

而用分隔板分隔科目时，我们可以选用不同颜色的分隔板，或者在分隔板上面贴纸胶带，让每一个科目都有醒目的颜色，也可以在纸胶带上面直接写上科目名字，方便我们查阅。

◎ 4. 把讲义也放进笔记本吧！

上学时最令人兴奋的就是得到一份详尽的讲义了，因为讲义总是会帮我们把重点都归纳好，让我们可以快速从讲义了解教材精华。不过讲义真的很容易弄丢，有时候塞在书里，考前要整理也是蛮花功夫的。

如果怕弄丢讲义，就把讲义一起放进活页本吧！有的品牌在推出活页本的时候，也会一并推出"活页收纳袋"这样的产品。

我们可以买几只活页收纳袋，把讲义通通放进去，这样就不怕弄丢啦！

如果买不到收纳袋的话，我们也可以试着把讲义贴在活页纸上，但注意不要用胶水贴死，这样就可以边看讲义边看笔记，非常方便。

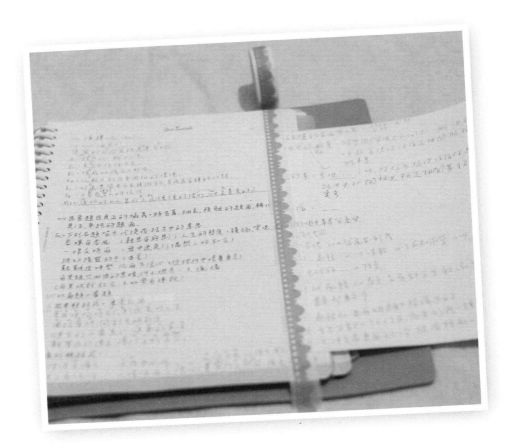

再者，假如你家里有打孔机，也可以按你自己的活页本的规格，给讲义打孔。活页本有很多不同规格的孔，常见的有 4 孔、16 孔、32 孔等。但打孔需要高超的技术，而且要对得很准，所以如果你对自己的动手能力非常有信心，就可以试试喽。

以上就是我使用活页笔记本的一点心得。大家不难发现，活页笔记本很像个大杂烩，我们可以把所有科目通通丢在一起，虽然感觉很混乱，但只要做好分类就不难阅读喽！

IDEA 2-6

怎么样做笔记
更有助于复习?
兼顾漂亮与实用的记录方法

大家觉得,好的笔记应该长什么样子呢? 小时候常听老师、同学说:不是笔记做得漂亮,考试就会考高分。但我觉得笔记的漂亮来自"整齐""干净""有条理""一目了然""字迹工整"等,而要做到上述这些,绝对是要经过脑子的吸收与消化。

当然,不是用很多颜色的笔,整本弄得花花绿绿的,才叫好笔记。我觉得能够在一片笔记海中分出层次,或是用文具辅助突出笔记重点,是重要且必要的工作,不然考前看笔记复习,在同样颜色或是同样画线、打钩、做星星记号的笔记中,如何快速筛选出重点呢?

◎ 花时间但有用! 试试看重新誊写笔记

我赞成"誊写笔记"这个方法。学习时认真听老师讲,抄下重点以及关键词,再于课后复习时,将学到的内容与自己记录的重点转化成有用的笔记。这样的整理功夫其实不容易,需要日积月累才能够形成一套完整的系统,但如果可以做出很棒的笔记,我相信对学业或未来就业是大有帮助的,同时也能提升整合文件的能力!

前阵子我去补习英文,这里就以我的英文笔记为例子,跟大家分享我做笔记的方法,希望可以对各位有所帮助。

◎ 在笔记中"预留标题"的重要性

通常组织能力好的老师，在开始讲课或是写板书之前，会先告诉大家今天要讲的内容大概有哪些，我们可以从这些信息抓出标题，写在笔记的最上方。

如果一开始无法得到这样的信息，也可以"先预留一小块位置"，等到写完笔记之后，我们再自己归纳一个标题填上去。

写标题的好处在于方便复习，看到标题就能知道底下的笔记大概在讲哪些内容，不用等看完一遍才发现我要的不是这些笔记。组织能力好的人，甚至可以归纳出大标题、中标题、小标题这样完整的结构呢！

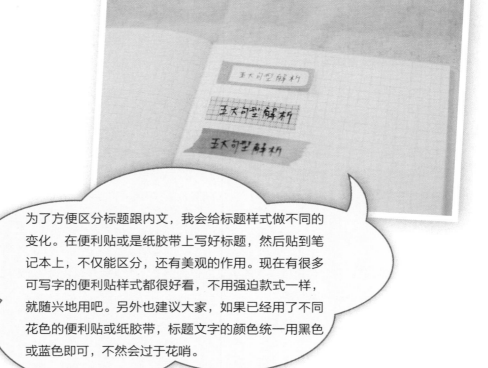

为了方便区分标题跟内文，我会给标题样式做不同的变化。在便利贴或是纸胶带上写好标题，然后贴到笔记本上，不仅能区分，还有美观的作用。现在有很多可写字的便利贴样式都很好看，不用强迫款式一样，就随兴地用吧。另外也建议大家，如果已经用了不同花色的便利贴或纸胶带，标题文字的颜色统一用黑色或蓝色即可，不然会过于花哨。

◎ 你可以准备贴纸当作重点分隔

用一些有趣的图案制作列表或分隔线，装饰性大于实用性，或者应该说，有时候图案会更吸引目光，让我们优先看到这些重点。如果这些笔记是特别重要的，除了用不同颜色的笔之外，我们也可以尝试用图案做标记。

就我的笔记而言，我会使用花边带来做分隔线。前面介绍过花边带的特色就跟修正带一样，粘贴很方便，而且图案很可爱，拿来做列表或是分隔线都非常显眼。

◎ 额外补充的小提示怎么办?

有时候我们会需要写些额外补充的笔记,就像教材会在页面的两侧补充一些小知识,所以我们也会习惯在笔记的空白处做补充,然后随意用笔框起来。

一页只有一两个补充还好,假如老师心血来潮补充了很多资料,我们写到后面会发现没有地方写了,或者想把之前的提示搬到其他地方都做不到。

↓如果笔记"补充"太多,就会显得杂乱,空间也可能容纳不下

所以我会先把小提示写在便利贴上，这样如果临时补充了很多
信息，就可以随意移动便利贴的位置。

至于要用多大的便利贴，就看本子的大小，以及补充内容的多
寡了。如果是用纯色的便利贴，我建议拿最大尺寸的再做裁剪；
如果你的便利贴有图案，舍不得裁剪的话，也可以考虑拿多张
便利贴合并，就不怕写不下了。

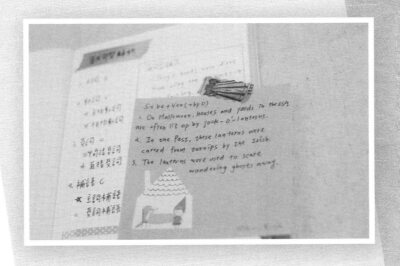

◎ 把重要的对话也写下来！

有时候老师会特别指着某段说"很重要"或是"要注意"，我们也就很自觉地在
笔记本上写下"很重要""要注意"。等到回头翻笔记
的时候会觉得很好玩，好
像在跟自己对话一样。

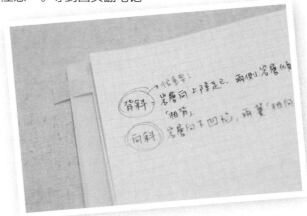

后来我觉得，既然这些是重点，就应该特地拉出来再写一次，然后尝试用对话的
方法告诉自己：这很重要。我通常称此为"自问自答对话框"，因此我也很应景
地用了对话框的便利贴，恰巧以前买过这种有两个对话框的便利贴，我会在一个
对话框里写下重点，另一个对话框写下想对自己说的话。

◎ 试试左边写笔记、右边记重点

如果你的笔记本不大，或者笔记真的太多了，都没有地方可记重点的话，可以考虑跟我用一样的规划方式：左边只写笔记，然后把小提示、重点和需要注意的地方等，都挪到右边。让笔记归笔记、重点归重点，但又可以互相对照，而且不会觉得杂乱。

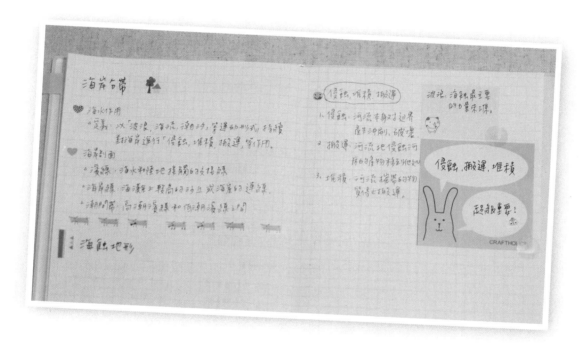

以上这些是我做笔记时已经有点变成制式风格的规范了，我觉得这样的笔记对我是有用且清楚的，所以提供给大家参考。

IDEA 2-7

做学习计划
适合用什么手账?
认真学习的计划攻略

手账能被拿来改造做学习计划吗?让我们先仔细思考学习计划该有哪些元素。

通常我们需要先定一个学习目标,而为了达成这个目标,我们要利用工具做一系列周期性的规划。定目标——规划——执行,就可说是一套完整的学习计划。

因为计划有周期性,所以在规划时一定会用到月计划以及周(日)计划,另外我们也许会需要填写阅读计划、考前更细节的读书安排、考后的查漏补缺、常用或重要的公式等。我想这些都算是学习计划的一环。

那一般的手账能提供这些页面吗?适合改造成学习计划吗?仔细想想,一般的手账除了月计划以及周(日)计划外,好像没办法完美改成符合学习计划的样貌。所以,现在市面上不仅仅有我们常见的手账款式,还有为学习量身打造、有特殊功能的手账哟!

而这种手账,就是我们俗称的"学习计划本"。

其实学习计划本跟手账的配置大体相同，但差别就在于我们前面提到的，因为用途不同，所以学习计划本会针对"学习计划"这件事情，帮我们设想会需要哪些页面，然后一一设计出来。此外，因为每家手账的创意都不同，所以学习计划的页面不像手账一样呆板，不同厂商设计出来的计划本会有不同的小设计在里头，可说是独一无二的创意。

上班族如果想要参加培训考试，也可以利用学习计划本来规划自己的课程，只要持之以恒，一定可以顺利达成自己的目标。

这种量身打造的学习计划本在韩国卖得很好，在日本反而比较少看到。这次给大家做范例展示的，是迪梦奇出的学习计划本。

◎ 学习开始前，设定一个计划吧！

以前上学时大家是否也有过这种经历呢？每当寒暑假快结束时，会突然像被雷打到一样，产生"再这样堕落下去不行啊""我从下学期一定要好好努力、用功读书"等念头，然后刚开学的一周会非常认真、奋发向上地读书。

可是随着时间的推移，如果没有考试的刺激，或是有其他的娱乐活动，又会开始懒得读书，总想着"明天一定会认真"，或是"考试前一个月一定要好好打拼"，然后回到疯狂玩乐的样子。

如果你也常这样突然奋发向上，又突然惰性发作的话，不妨试试在学习开始前，为自己设定一个学习目标，打造一份学习计划，也许会达到事半功倍的效果哦。

学习目标应该怎么定呢？如果身旁已经有这种计划性强的朋友，不妨参考一下对方是怎么设定目标的。但参考归参考，还是要先了解自己的学习程度，总不能还没学会走就要跑吧！

建议大家，不要一开始就把目标设得很远大，因为通常设得越远大，放弃的速度也会越快。做任何事情都一样，绝对要循序渐进，量力而为。谁说目标只能设一次呢？先从简单易完成的目标开始，会比较有成就感，也才会有动力继续努力。

◎ 妥善安排学习和休息，不浪费时间

"时间就像流水一样，一去不回头"，年龄愈大，对时间的流逝应该会感受愈强烈。如果我们总在某些活动结束后，回顾刚刚收获了什么，却只觉得满满空虚的话，也许该思考一下，是否把这些时间都给浪费掉了呢？

时间是需要妥善分配的，我们可以用纸和笔把一天要做的事情都先列出来，唯有写下来，经过思考，才能了解哪些事情没有意义、哪些事情最重要，接着把重要的事情依序排列。

学习计划本通常会有饼状图之类的图表，饼状图把一天分割成 24 小时，我们可以利用这些切割过的时间，规划自己要做哪些事情，并写在饼状图上，这样一整天做了哪些事情就一目了然了。

学生时期，尤其是放假时，我们常会被家长问今天在家做了哪些事情，如果可以把这样的饼状图直接给父母看，他们应该会对你的组织规划能力表示惊讶与认可。只要让家长了解我们妥善利用了时间，偶尔想玩乐休闲就不会是什么大问题了。

至于学习，可以先把留给不同科目的时间切割出来，再开始安排玩乐以及睡觉的时间。假日需要适度的放松，但不建议大家每个周末都跑出去玩，可以在家利用饼状图来规划复习与预习的时间并执行。劳逸结合，才能效率更高。

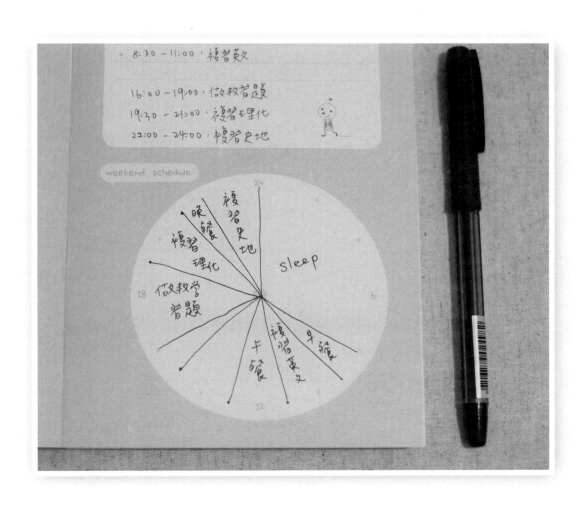

◎ 利用月计划表一览所有行程

就像前面提到的，不要一开始就设定很难的目标。如果休息时间除了吃饭睡觉外，就是看书、看书、看书，这样的行程连我自己都很难做到，更何况是手机不离身的年轻群体。

千万记得，我们在设定任何目标的时候，都不要好高骛远，只要你能持之以恒，循序渐进地规划，一定可以完成所有目标。

月计划的特色就是一次可以看到一整个月的规划，所以真的很适合将单日行程记录在里面，比如上课的时间、复习的时间和参加考试的时间等，只要看了月计划，就能够清楚地知道哪一天要做什么事情。

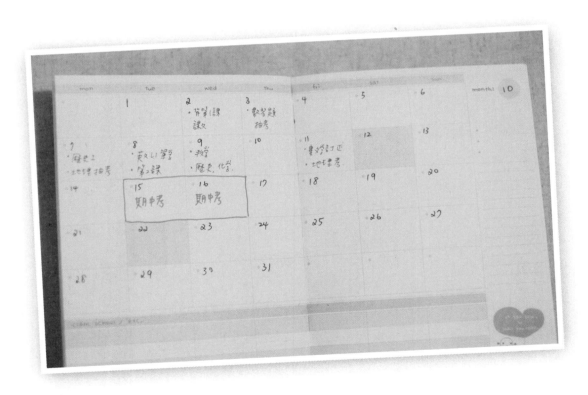

迪梦奇的学习计划本，可以在月计划下方添加"课程"信息，还可以将课外辅导班的课程安排记在下面，这样就不会跟既有学习计划冲突，清楚地知道每一天都要带哪些学习资料。

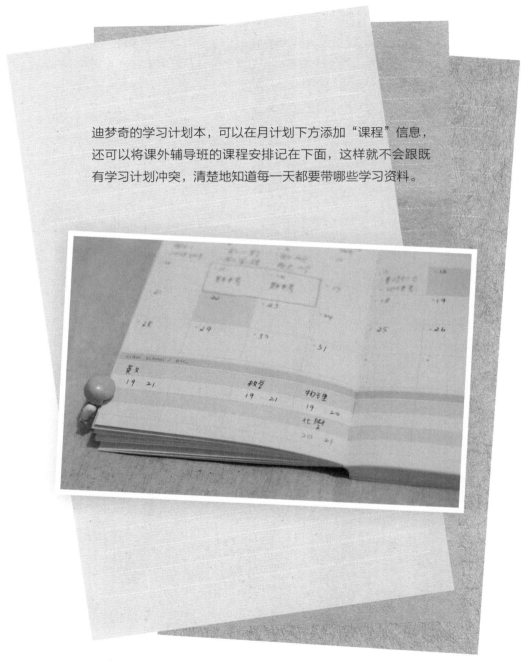

⊚ 每一周、每一天都要彻底执行

目标确立后，就要开始执行啦。学习计划本虽然会加入许多跟一般手账不一样的页面，但依然是以一日一页或一周一页为主要内容。我们的重点是记录每天的学习状况，通过这些记录才能知道哪些地方需要改善，甚至可以对照前后几个月的复习时间，看看每次复习的速度是否越来越快。

迪梦奇的学习计划本是一周两页，我们可以在每周开头写下本周预定要完成的事情，而这些事情可以分散安排在一周内完成。

单日可以再列一些更细的学习计划，而且我们也能在一天结束后，确认今天的计划是否都顺利执行了。简单来说，就是利用这个区块每天进

行检查。如果有复习到一半的课程，可以把尚未复习的部分先记录下来，思考是否要再花一点时间把剩下的复习完，或是挪到第二天继续复习。

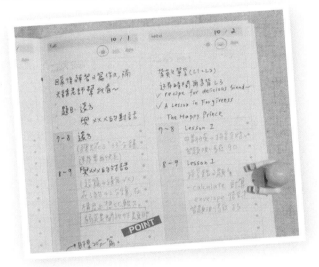

最下方的"I feel"对话框，可以记录今天复习的心得或是身体的状况。如果今天上完课特别累，回到家之后的复习效率多少会受到影响，此时就应该思考是否要多休息一点，复习缓一缓；或是整天都来个适度放松，让身体重新充电再出发。

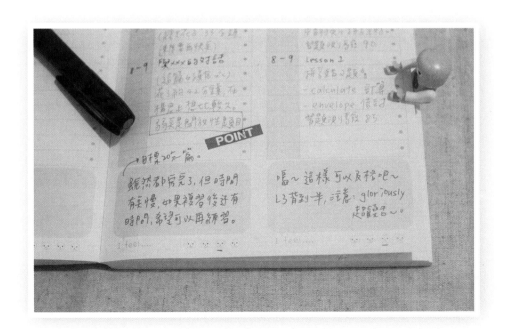

我爱做计划，可是怎么才能按照漂亮的计划真正做到持之以恒？

有了这样的规划，你一开始可能会跃跃欲试，但后来随着时间的拉长，如果没有养成习惯，或许就会变得兴味索然，然后就慢慢地把学习计划抛弃了。要怎么样才能持之以恒呢？除了要有强大的毅力外，也可以靠外力辅助。比如我们可以邀三五个好友一起加入学习计划，彼此分享交流，绝对比一个人孤军奋战有用。

IDEA 2-8
迎战考试！
让我们用笔记
成为复习备考高手

◎ 大考来临前的 14 天冲刺

考试即将来临，大家通常会在多久前开始复习呢？前面提过的这本学习计划本，
为大家安排了"即使平时复习过，也还是要在考试前两周认真冲刺"的情境，所
以在大考前留了两周的时间让大家规划。

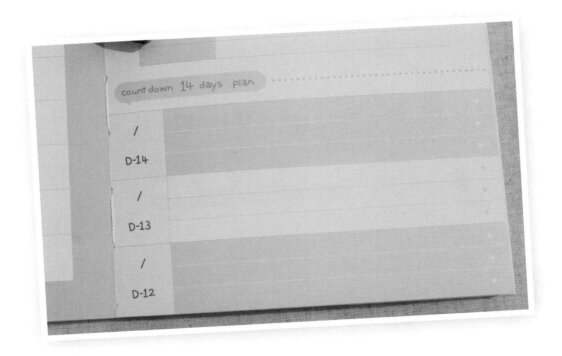

大考的准备方式，绝对跟日常预习、复习不同，特别拿出来做成不同的页面，我觉得是个不错的主意。

把要考的科目写在左边，就不会忘记今天考哪些科、明天考哪些科。此外，我们还可以在右边记录每个科目的考试范围。

这个规划真的很棒，犹记得以前考试前大家最常有的疑惑就是"明天考什么？""某科从哪里考到哪里？"，虽然都是些可立即被回答的小问题，但如果自己可以先记录下来，考试前就不用问同学啦！

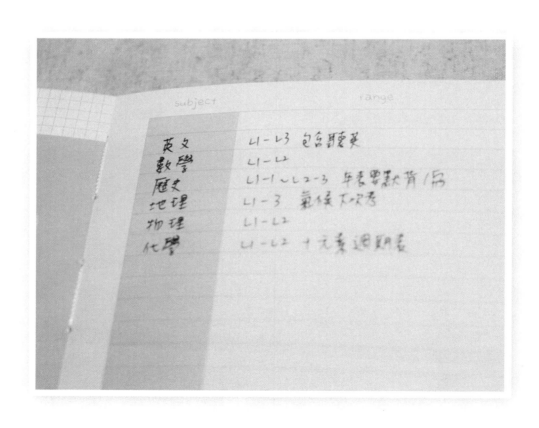

◎ 筛选出重点笔记与公式，加强记忆

迪梦奇的学习计划本最后留了一些空白页让大家自由发挥，我推荐大家在空白页写下常用的名词解释和公式之类的，或是需要记忆的历史图表、英文单词等。

也可以记录不擅长的科目的重点笔记，以前老师常跟我们说"不会的多写几遍就有印象了"，其实还蛮准的，所以可以在精神集中的时候多书写几遍。

 说到精神集中，这本学习计划本还蛮有趣味的，会在某几页加入一些提神的小玩意，比如说数独或迷宫；此外，迪梦奇也告诉我们一天最佳的记忆时间分别是：

1. 9 AM — 11 AM

2. 3 PM — 4 PM

3. 7 PM — 10 PM

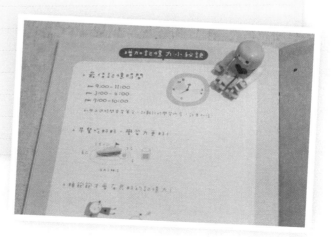

IDEA 2-9

不要忘了学习之外的
那些美好——
准备一本琐事手账

有了那么强大的学习计划本之后，学生还可以用手账记录什么事情呢？让我们再把焦点从学习计划本移回到手账上。

学习计划本跟手账就本质来说，还是有些不同的。我会建议大家把"所有与学习相关的事情"专门记在学习计划本上，不管是时间、书名、内容摘要、复习，还是考试计划等。而学习之外的那些美好，就记在琐事手账上吧！

也许这样有点不方便，如果要跟朋友确认行程，就要先打开学习计划本，看是否有补习，或有没有重要的考试，没有的话再打开手账看那一天有没有其他事情。这样岂不是就要带两本手账了？

其实也不尽然，学习计划本是用来制订整套学习计划的，其中行程安排不是重点，而且我们将学习时间记入计划本，总不可能写完脑袋就忘了，就算不想记得，它也总会在不经意间出现在你的手机日程提醒或者学习伙伴的言行中。如果真的记不住这些琐碎的行程，不妨考虑将这些时间重新写一份在手账里，或是用特殊的贴纸，比如说有考试图案的，贴在手账上作为标记。

◎ 灿烂华丽的行程

对手账控而言，人生是以填满空格为目标的！所以让我们用纸胶带、贴纸、印章等装饰品，来彩绘我们的生活吧。

如果是追星的朋友，应该都会买与艺人相关的杂志或是海报收藏，也可以试着将喜欢的艺人头像剪下来，做成可爱的对话框，打造自己的小剧场，让手账更加吸睛。

◎ 收藏共同的回忆

跟朋友一起看过的电影、演唱会、展览，都可以将票根留下来贴在手账上。虽然热敏纸的字迹会随着时间的推移慢慢消失，但是这些票根所保留的是回忆，所以也不用怕字迹会消失不见，消失了才有历史的价值。

此外，如果有私密手账，也可以收藏一些日常活动中留下的票据或者字条。我觉得手账除了记录行程之外，也是记录回忆的工具，曾经跟朋友一起度过的美好时光，偶尔翻出凭证来回味，总是会让人会心一笑呢！

IDEA 2-10

学习达人！
你要选哪一本手账
成为学习达人？

学习手账和上班手账的风格绝对不同，上班手账讲求的是干净利落，学习手账则可以依照个人喜好有多种风格。因此学习手账挑选的重点，绝对跟上班用的不太一样，下面就请大家参考我关于学习手账的建议吧！

◎ 选择手账重量与规格

一本不厚重、可以随手放进背包、尺寸适中的手账，就是我要推荐给大家的最佳手账。就像前面提到的，如果你已经有一本学习计划本了，那么手账就是让你记录行程以及收藏回忆的本子。

从学习的角度来说，我设想的情境是这样的：

1. 即使有各种收纳柜，手账也是要随身携带的。

2. 可以随时拿出来跟朋友一起讨论行程，或是互相传递欣赏（手账控就是会有想看其他人的手账的欲望）。

从尺寸来看，之前提过的 A5、B5 都蛮适合随身携带，也能放进随身的背包里。另外我建议不要携带一日一页的手账，除了太重之外，一日一页通常会被拿来写日记，但在跟朋友聊天的时候，我们可能会很自然地把手账拿出来跟朋友分享交流，这样被看到私密的日记应该会很别扭。

如果真的想买一日一页来写日记，还是放在家里比较好。

随身携带的学习手账可以选择"月行事历"或是"一周一页／两页"，写些欢乐的小日记，或是每天发生的趣事，被朋友传阅也可以当作聊天的话题，不会让自己觉得困扰哟！

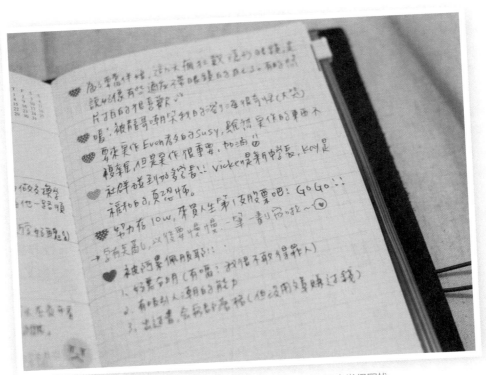

↑将私人日记跟可公开的日记分开写比较好，这样被朋友看到也不会觉得困扰

PART **3**

上班族冲冲冲
职场文具手账，超活用

IDEA ········ ◇ ········ IDEA

IDEA 3-1

上班族的文具选择：
质量、形象与专业，
手账最好公私分明！

毕业了，开始上班赚钱了。大家脑海中浮现的第一个想法，会不会是"可以买更多文具用品"了呢？其实进入社会后，身边的配件都需要根据自己的职业以及资历更换，如果是业务员，上班应该不会再穿休闲 T 恤，而会选择能表现出专业气质的衬衫与西装；有的时候戴手表也不是为了看时间，而是一种身份的象征。

相对于学生，上班族购买文具用品的消费能力会稍微提高，但不一定是加量，而应是往高品质的方向选购文具，选择中高价位的手账等，也许会让自己在公司里的形象显得更专业。

假如你跟我一样是朝九晚五的上班族，有属于自己的办公桌可以随意装点，那么建议你将文具分成家用跟上班用，这样可以避免大幅增加包包的重量，毕竟久背重物我们的肩膀伤不起。

此外，还可以买一本上班专用的手账，放在公司纯记录公事。

是否应该同时拥有公事与私人手账？

公事和私人手账分开比较好，毕竟私人手账有很多不可告人的秘密。有人习惯直接在手账上记录不开心的事情，这些秘密如果被不熟的同事翻阅看到，大家心里应该都会不舒服吧！

IDEA 3-2

社会新鲜人：
让你上班第一天
就充满效率的文具组合包

有自己的办公桌可以放心爱的文具是件很棒的事情，如果还有个可以上锁的移动
柜就更好了，放在公司的文具就可以更丰富了，但要担心的是东西会越放越多，
以后很难整理（笑）。

前面简单提到过，不同于学生，上班族的形象应该更专业些，如果要常常外出
开会或跑业务的话，建议手账和其他文具的整体风格，都尽量以简洁、单一色
系为主。

以下是 MUKI 推荐的可以放在公司的文具组合包。

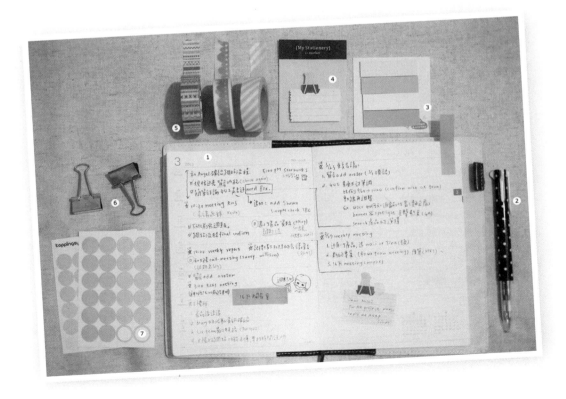

◎ 1. 上班族专用手账：根据工作量预估

究竟选择哪种手账好呢？一日一页？一周一页？其实不管是上班用的手账还是私人用的，都要照自己平常写的量来评估。上班族可以按平常的工作量来评估是否会常写手账。

我在书的最前面介绍了常见的手账种类，以及分享了选购手账的心得，大家可以先参考这些信息，再依照上班实际情况选择专属于你的手账哟。

如果工作需要常跟同事、厂商开会，或是总有项目在进行，可以考虑跟我一样购买一本一周一页的手账。后面会以我自己买的 Raymay nōfes 一周一页手账为例。

◎ 2. 顺手好写的三色笔：帮你画好重点

三色笔现在真的是居家外出必备良品，毕竟一支抵三支，又可以自己搭配颜色，连笔管都做得很漂亮，无怪乎三色笔在文具界爆红。

就我知道的，像三菱和百乐都在卖三色笔，这两个知名的文具品牌也都推出过不同的三色笔笔管，三菱的 uni-ball 装饰性比较强，除了素色外，最多的就是波点款式，而百乐有比较多的图案可以选择。

大家可以挑选自己喜欢的款式，或是看习惯用哪一家的笔。我自己是比较喜爱 uni-ball 的圆珠笔，算是忠实客户之一（笑），0.38 写起来很顺手、不划纸，而且握笔的地方不会太细，很好握，我不喜欢太细的。

那三色笔有推荐的颜色搭配吗？跟在学校做笔记的花哨不同，上班族总是希望给人专业的形象，所以建议大家就用百搭色——红、黑、蓝。不过需要特别注意的是，日本三色笔的笔芯比一般的圆珠笔更费油，也比较贵，如果有大量写字需求，请三思。

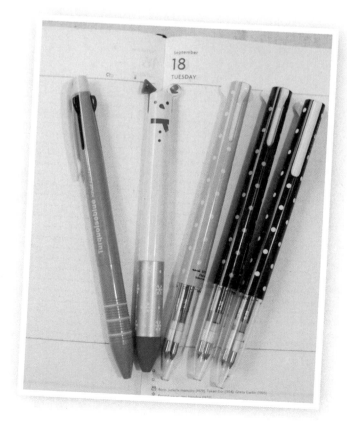

◎ 3. 简洁风便利贴：好写、好撕才重要

图案丰富、创意十足的便利贴有很多，不过我们在选择时还是应以好撕、好写为原则。

我推荐无印良品便利贴，它可是我的爱将，虽然颜色不多，但是配色很舒服，也很有质感，重点是不管搭配油性还是水性笔都很好写哟！

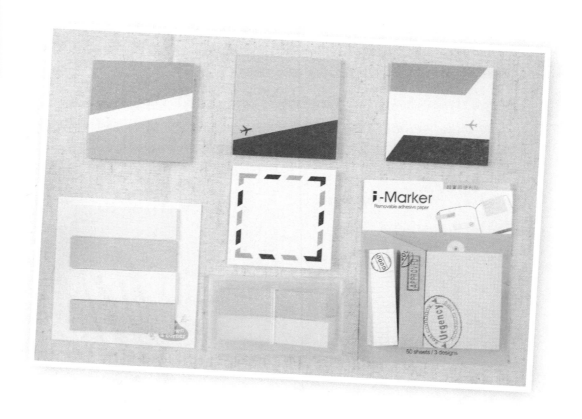

◎ 4. 便条纸：传达重要信息必备

便利贴和便条纸从本质来说蛮像的，最大的差别是便利贴可撕可贴，但现在有了纸胶带后，便条纸也能算可撕可贴了（把纸胶带贴在便条纸上）。

但对上班族而言，两者还是有差别的。便利贴比较像是用来记录行程、会议时间，贴在手账上的小备忘。而便条纸可以当作要传达信息给同事的媒介，或者是用于记录信息量比较大的待办事项等。

虽然我对上班族的建议是简洁一点，可是在便条纸的选择上，可以选一款有自己风格的，这样收到便条纸的同事应该会舍不得把它丢掉（笑），而且工作时看到自己喜欢的图案应该也能振奋精神。

◎ 5. 纸胶带：万用的漂亮整理利器

我会分别准备一两卷喜欢以及不喜欢的花色的纸胶带放在公司，喜欢的就用来贴手账，或是临时充当吸铁石、分享给同事等；不喜欢的就拿来当电气绝缘胶带（笑），像我最近就拿纸胶带整理了公司的电脑插线，电脑插线又多又长，真的很烦人，所以非常推荐用纸胶带来固定。

有人可能会好奇，既然不喜欢这花色为什么还要买，其实是因为纸胶带很多都是一组一组地卖，一组三卷，不可能所有花色以及配色都喜欢吧！

另外，纸胶带买了不用多可惜呀，所以大家一起尽量用、用力用吧（笑）！

◎ 6. 长尾夹 / 回形针：固定文件必备

长尾夹或回形针的用途就不多说了，相信大家都很清楚，它们主要是用来收集或固定文件资料的。可以选择采购一般的黑色长尾夹及银色回形针，但如果想在平凡的文具里加入一点小巧思的话，可以改用造型产品装饰一下，不过千万要小心，别弄丢了，不然可就欲哭无泪了！

我自己的组合包用的是 MIDORI 出的金光闪闪长尾夹，每个长尾夹上面还刻了数字哦！

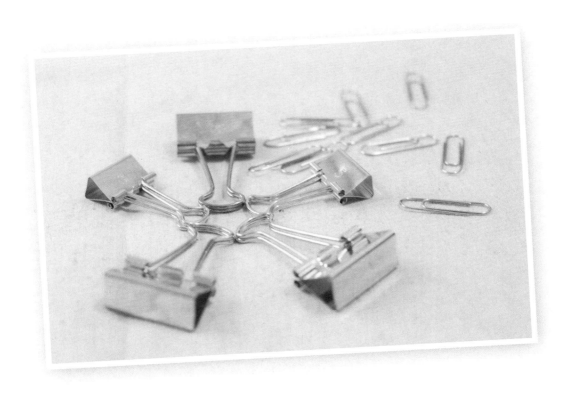

◎ 7. 圆形贴：帮你标注重要信息的位置

我还蛮喜欢用圆形贴的，之所以选择这款加入办公用的组合包，是因为它很小巧，不占空间，而且用来贴文件的时候也不会喧宾夺主。圆形贴分透明款跟不透明款，如果是要标明重点的话，可以选择透明款，纯粹装饰的话可以用不透明款。

如果想使用复古或华丽风格的造型贴纸，建议在家里写日记的时候用吧，不然光是挑好看又符合意境的贴纸可能就要好久！上班时间我们还是采用快速的方法，用简单的圆形贴就好了。

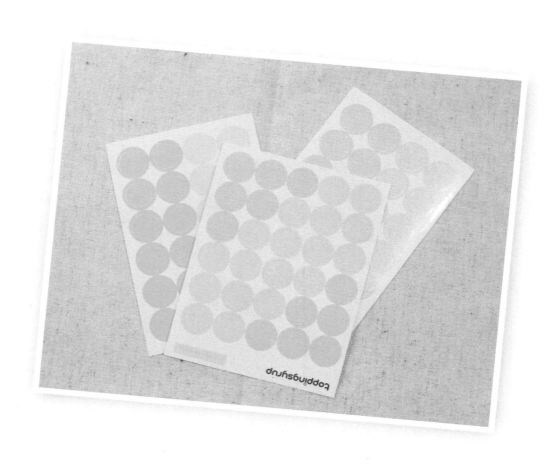

IDEA 3-3
工作不是秀宝贝：
展现专注，
不要带去上班的文具

🌀 1. 造型花边剪刀

花边剪刀可以剪出特殊形状的纸张，所以多半用来制作贺卡或是手工品。如果公司不涉及相关业务的话，我们还是把造型剪刀放在家里为好，不然带到公司，应该会无法克制地东剪西剪，影响工作效率，说不定还会被不知名的同事借走忘了还，这样心应该会痛死吧！

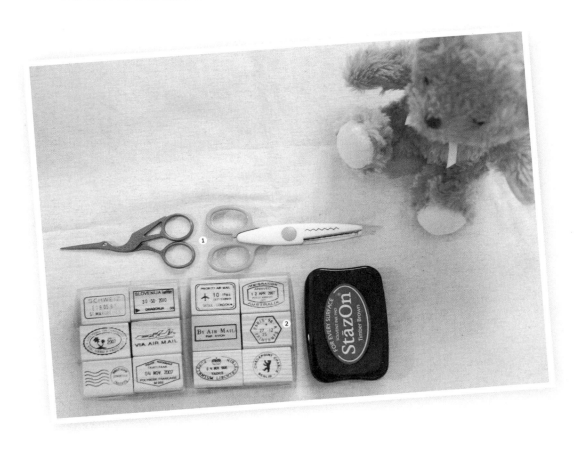

◎ 2.印章

不知道大家通常是怎么处理印章的。

我讲究比较多，按印泥要轻，绝不能按到边角，盖印章要四个角都压稳，盖出来才会漂亮，盖完之后要用印章清洁剂打理，所以每次盖印章都花很长的时间。

如果大家像我一样盖印章步骤很多，那还是留在家里盖吧，不要带到公司了，上班时间是很宝贵的（点头）。

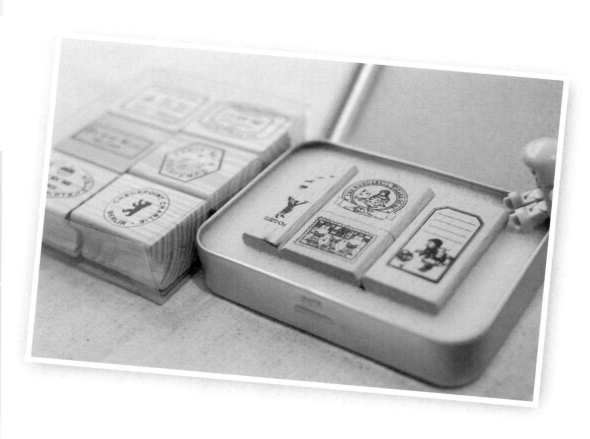

IDEA 3-4
手账与时间管理：
再琐碎的会议行程，
我都能有效记录的方法

一开始使用手账，最头痛的就是"不知道该如何有效记录行程"。

生怕凌乱的记录回头看不懂，或是想撕掉重写，这样的犹豫心理，往往会让我们不敢使用漂亮又昂贵的手账。

其实一开始不用想太多，如果不写就永远不会知道自己适合怎样的手账，总要在不断地尝试过后，才能找到适合自己的记录方法。所以就大胆地下笔吧！

只要抱持着"会写得越来越好"这样的想法去记录，手账就会跟着自己成长。

让手账分摊你的大脑负担

以往我们习惯用脑子记录所有的事情，或是把零散的行程夹杂在跟客户往来的信件中、几张随手抄写的便条纸上。

但这是很没有效率的方式，大家想想，一个人有几个大脑来记行程？我们的大脑应该用于更重要、更专业的工作，这些琐碎的行程请务必整合在手账上，强迫自己用笔写下来，不要给大脑增加额外的负担。

◎ 优先写下"百分之百确定"的行程

我的规划方式是把今天"确定要完成的工作事项"以及"确定会开的会议"优先记录在手账上，既然已经确定了，至少有九成概率不会变动，也不用重新花时间誊写。

我们偶尔会因为行程变动，一忙或一不开心，就匆匆地画上丑丑的删除线。虽然很多人觉得手账越乱越有价值，但是我还是偏好整齐干净的手账，毕竟手账干净才容易阅读，也不会因此遗漏事项。

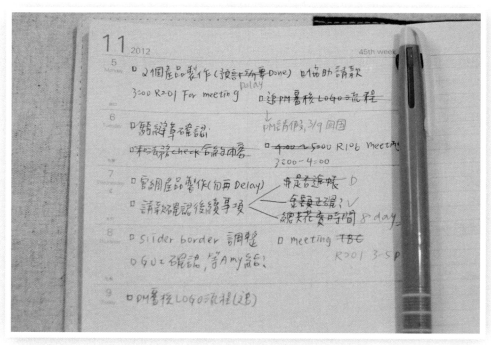

↑ 画满删除线的手账，真的非常凌乱且难以阅读，真的不建议使用删除线

◎ 重点记录：人与事

记录时，不用写太细节的东西。手账的格子其实不大，如果我们的行程太多，每个细节都要写的话，很容易就会借用到明天的格子，可能会在查阅的时候搞不清楚这到底是今天还是明天的行程。

按我的记录方式，通常只记"人"跟"事"，而且越简短有力越好。

如果这样的记录对你来说太过笼统，日后不方便查阅，也可以再多记些更明确、更细节的事项，前提是格子要够大。如果格子不大，自己的工作又必须记录细节的话，只好出动便利贴在旁边做辅助。

◎ 不只预排，实际时间也要补充上去

如果确定了会议时间，要记得把时间写上去，才能快速确认是否会跟其他会议冲突。

如果你是会议主持人，或经常需要安排会议时段，我建议把实际开会的时间补充上去，像原本预定 2 点到 5 点，实际上却开到 6 点，比预估的时间多了 1 小时，我们就要把这多的 1 小时记录进去。会后可以检查开会的时间是否在掌控内，过长还是过短，会议延迟的频率多高，该如何改进，等等。利用这样的记录，慢慢抓住适合自己的主持节奏，才不会让会议冗长又没效率。

↓在会议时间段后加上一些注解，更有利于会后回顾

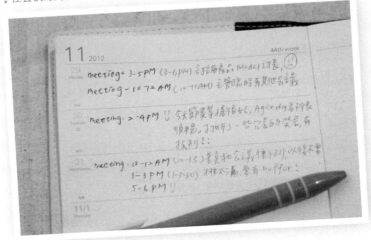

IDEA 3-5
手账与任务进度管理：
再复杂的流程列表，
也不漏失每一个步骤的方法

一提到工作待办事项（俗称的 check list），脑海中应该会浮现"在每个待办事项前面加方格，做到的打钩，没有做到就留白或打叉"这样的画面吧！

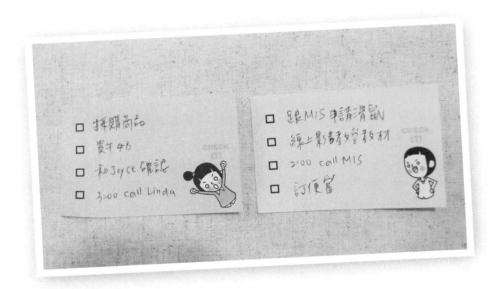

但，问题来了！这些没有完成的工作待办事项，该怎么处理呢？

1. 在其他时间段重新誊写一遍？

2. 来玩连连看，用箭头标志连接到其他地方？

其实手账好玩的地方就在这儿，没有正确答案，只有这个做法适不适合自己，或自己喜不喜欢，所以这时候大家不妨思考一下，你们会选择哪一种？

⊙ 如何管理尚未完成的待办事项？

我自己的记录方法是第三种：不重新誊写，不画箭头。

就让没有完成的工作待办事项继续留在原位吧！等到完成的时候，再回去打钩并加上完成日期。我选择这种做法的理由如下。

1. 箭头其实很方便也很明确，但我对自己的手账有种执着的洁癖，不喜欢看到太多杂乱无序的线条及涂改痕迹，所以我果断舍弃箭头。

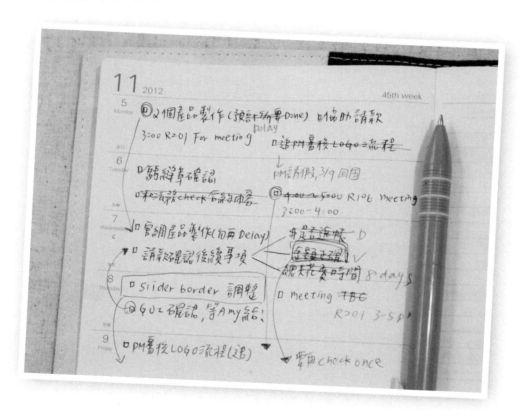

2. 如果有大量的工作待办事项未完成，每件都要重新誊写会很累，久而久之你一定懒得再写工作手账。此外，如果今天的工作量特别大，誊写多少会占用每一天可分配的时间，而且短时间内写太多字手也会酸。

3. 因为工作待办事项前面都有方格，所以能够明显看到没做记号的方格，我会趁着早上刚到公司吃早餐时重新检查本周有延迟且没有做记号的方格对应的项目进度，然后优先处理。如果是耗时较长的项目工作，也可以选择累积到周五再一次性处理。

也许会有朋友觉得疑惑，"不重新誊写"，也"不画箭头"，那还会回头看已过去的日子吗？

其实，这就是我选择一周一页作为上班手账的原因之一。只要你的工作待办事项记录在同一页，你就一定看得到，所以不用怕会错过。当然，如果你的工作已经拖到下周，需要回头翻页清除未完成的工作，也许可以考虑采用誊写的方法，或是思考如何提高工作效率。

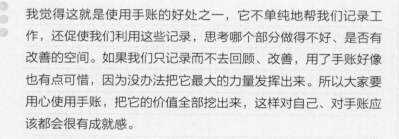

我觉得这就是使用手账的好处之一，它不单纯地帮我们记录工作，还促使我们利用这些记录，思考哪个部分做得不好、是否有改善的空间。如果我们只记录而不去回顾、改善，用了手账好像也有点可惜，因为没办法把它最大的力量发挥出来。所以大家要用心使用手账，把它的价值全部挖出来，这样对自己、对手账应该都会很有成就感。

IDEA 3-6
手账留白是关键：
慎选空白书写处，
让你成为会议记录高手

常见的一周一页格式都是左边放日程计划，右边留白给大家随意发挥，留白区常见样式是方格以及虚线，对我而言两种都可以接受，只要线不会浓得妨碍到我写的字就好。

相对于空白处到底是全空白还是方格或虚线，我更在意的反而是线条的浓淡会不会喧宾夺主，像图片右一 nõfes 的虚线以及中间 TN 的方格，线条深浅我都觉得刚刚好。

而左边这款笔记本的线条我就觉得太浓，以至于买回来有点后悔。太浓的线条没办法凸显自己写的字，甚至有的笔画会跟线条重合，要完全写在格子里面也很难做到，因为我的字蛮大的，所以到现在我都不敢在这本笔记本上面写字。

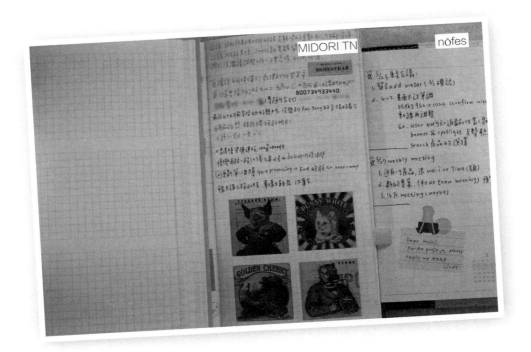

◎ 如何写出一个有效的会议记录

建议大家买笔记本的时候到实体店面选购，如果可以拆开来看，或有 sample（样品）可看，就尽量看吧！不要买了才后悔，真的会欲哭无泪。

让我们再回到会议记录的部分。我会利用手账右边的空白处做会议记录，不会再另外拿笔记本，毕竟同样是跟工作有关的事务，如果再分散到其他本子，之后要整合或是对照会比较麻烦。

记录格式大致如下：

1. 标题：开会的日期或会议当日主题。
2. 用条列式记录"跟自己有关的"会议重点以及待办事项。（一个会议通常不会只有一个主题，如果你不是会议主持人，请专注在跟自己相关的议题上，不要把所有人说过的话都记录下来呀！）
3. 同样把"人"和"事"点出来，记录的时候可以再把一些细节补上。通常一个选项遭到质疑时，总会有人抛出想法跟例子，如果你觉得这些例子还不错，也可以将其记录作为参考。

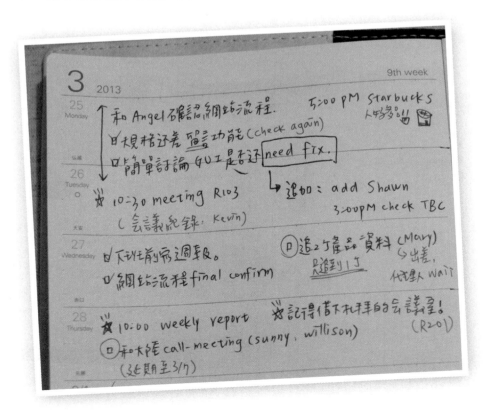

假使一天要开很多会议，我会用黑笔做标记，从左边的记录
区块开始拉线，延伸到右边的会议记录，除了有个区分的作
用之外，也可以很快知道这是哪一天的会议记录哟！

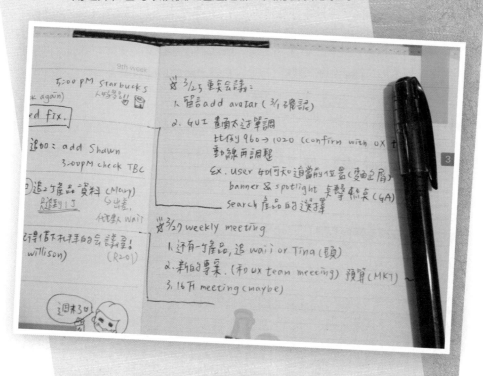

IDEA 3-7
休息日不工作？
活用周末格子
排好下周重点计划

现在，左边周一到周五的格子，以及右边的大大的空白页都被我填满了，但还有一个小区块是空白的，这个区块就是左边周六、周日的休息日时段。

周休二日的上班族，休息日通常不上班，所以不会有会议以及待办事项，但是对我们这些强大的文具手账控而言，人生以塞满手账为目的，要在有限的资源中做最有效的利用，因此，怎么能容许有空白呢？

最好是利用休息日的空白记录下周预计要做的工作项目，先不用去想这些待办事项要排在下周的哪一天，就把所有你觉得要做的事情一股脑地写出来，等到下周再慢慢地排时间做。

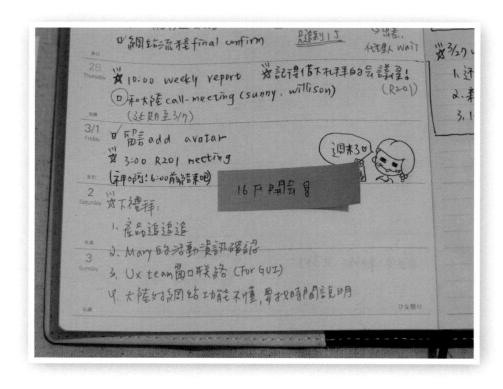

或者，我们也可以利用休息日的空白，总结本周工作的进度。

先将手上的项目分门别类，像我就是用工作的类型区分，再排
出哪些事情"已完成"、哪些事情"待完成"。

如此一来，就能了解自己的工作效率，进行简易的项目管控。
最后同样可以把待完成的事项排到下周继续进行。

IDEA 3-8

用好笔，
工作效率大加倍：
彩色笔不滥用的活用建议

我自己觉得，不同颜色的笔只是用来做区分罢了，用久了就会有一套自己的颜色理论，像红色通常是用来记录"最重要的事情"等。

但也许有朋友会想参考大家的用色习惯，所以我在这里分享自己常用的几种颜色给大家。

1. **黑色** / 蓝色：
   黑或蓝永远是笔记的主要百搭色，一般记录推荐使用黑或蓝，看久了眼睛也不会疲劳。
2. 红色：
   因为开会讲求的是有效率地记录，所以建议大家不要花时间去想我这支笔的颜色是用来搭配什么类型的事情，一忙起来还要想笔的颜色，反而会让自己更加混乱。按基本认知，红色就是用来记录重点事项的，所以在紧急情况下，就用红色来帮忙记录重点。
3. 浅橘色 / 浅绿色：
   一般记事用黑色或蓝色，重点记录用红色，那还有什么事情需要在开会时记录呢？我建议买一支浅橘色或浅绿色的笔，以不要盖住前面两种颜色为原则，可以在文字上画圈，或是额外增添注记，既不会喧宾夺主，又可以引起自己的注意，是很棒的搭配。

IDEA 3-9
月记事页面
可以这样玩，
项目管控就靠它!

一周一页都被我们用得淋漓尽致了，有没有觉得非常充实且满足呢？不过聪明的各位应该会发现，前面我都没有提到"月记事"，难道月记事用不到吗？

月记事当然用得到喽！而且对于管控项目进度，可说是非常好用啊（推眼镜）！！

在工作手账中，我通常会利用月记事页面做两件事情，即"规划项目进度"以及"记录休假"。

月记事手账通常有两种规格：

　1. 以"周一"作为一周的开头。

　2. 以"周日"作为一周的开头。

我习惯用周一开头的手账，因为对上班族而言，周一是每周的第一个开工日，把它当作开头也比较容易管理项目。

月记事的特色就是
每一天都做成一个
小格子，紧密地排
列在一起，加上一
次就可以看到一个
月这样的特性，
很适合我们做项
目进度表。

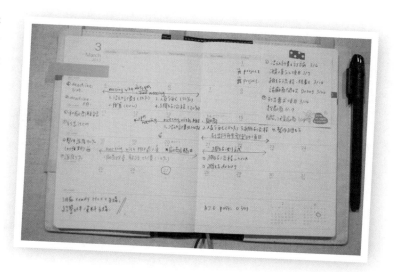

我们可以看到 nōfes 手账月记事的开头都会多一格注明这是今年的第几周，我会利用这个格子写下正在进行的项目，至于后面的周一到周五的方格，可以依照自己的喜好或是字体的大小做调整。我自己常用的记录分类与方式如下。

◎ 即将开始的项目

如果是一个新的、即将开始的项目，正常情况下主管会交代我们大概从什么时候开始做、预计做多久等，得到这些信息后，我们就可以先把预定的时间记在手账上。

假使在记录的过程中，发现新项目跟正在进行的工作冲突，可以立即跟主管反映，千万不要傻傻地全盘答应，到时候做不完就欲哭无泪了。

↓先用不同颜色的笔写下不同的项目名称，之后按颜色识别会很清楚

⊚ 预定的进度

开始一个项目前，我们要先知道自己负责哪一块，如果负责的东西很多，尽量把同类型的归在一起，然后开始规划每一类预定完成的时间。可以选择在文字后面加上完成日期。

不过月记事的格子很小，老实说无法让我们写太多字，所以如果要细分自己负责的项目，我会建议用便条纸或便利贴记录在旁边随时查阅。

←先把预定要做的项目以及截止日期写好

→如果格子太小，可以用便利贴细分工作项目，同样可以写上截止日期

一个箭头清楚看到项目进度！

我习惯画箭头表示完成日期。就像我之前提到的，月记事是一格一格紧密排列，而且一次就可以看到一个月，所以画箭头能快速了解自己还有几个工作日，我认为比写日期还要直观。

虽然在排行程的时候，我不喜欢用箭头，因为要一直修修改改，但是预定进度本来就是有缓冲的，所以时长可以画长一些。

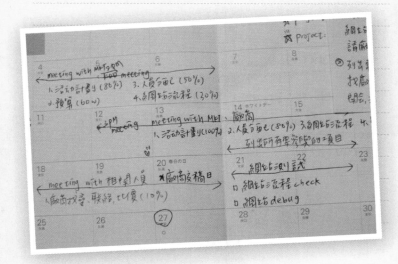

⊚ 已开始的工作

这部分，其实跟写周报有点类似，就像每周都要跟主管汇报做了哪些东西以及正在进行哪些项目等。

如果手账的月记事空间很大，可以考虑把每个项目的细分子项目列出来，并且评估完成的进度；如果月记事空间不大，可以只写项目名称，以及重要的工作大项。这些记录没有一定的准则，都要视各位的工作，以及手账的适用性做调整。

↓以 4 号到 6 号为例，因为这个月的项目数量不多，所以我
选择将项目的细分子项目列出来，后面带上自己估计的进度

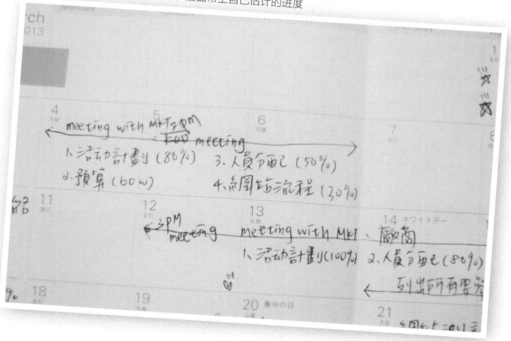

IDEA 3-10
工作不忘休闲：
放假也要记；
记录上下班时间让你不加班

◎ 记录休假

工作之余，最期待的应该就是法定假日的来临（笑），还有自己的特休！如果怕忘记哪天休假或还剩几天假期，我们可以利用月记事开心地记录假日哟！

虽然上班的手账最好不要走花哨风，可是休息真的是一件令人开心的事情，所以我会偷偷放一些比较可爱的贴纸。像 MIDORI 出了很多款创意小贴纸，中间有挖洞的设计，可以让我们贴在数字上，还可以选几个逗趣的表情做对话框。

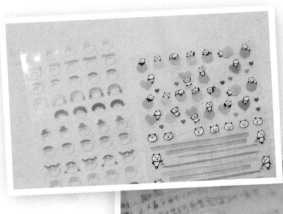

←异常可爱的小贴纸

→可以贴在日期上，还
可以配上对话

◎ 不要养成习惯性加班

有的公司有打卡钟，所以不一定要在手账上记录自己的上下班时间，但是记录时间的重点不在于"上班时间"，而是在于"下班时间"。

如果通过记录，发现自己是一个常加班的人，每次都很晚下班，那就表明你其实是抓不住什么重点的。这时候我们就要再加入一项数据帮我们进行交叉比对，这个数据通常是"项目进度"。

↓纯粹记录上下班时间，其实没什么重点

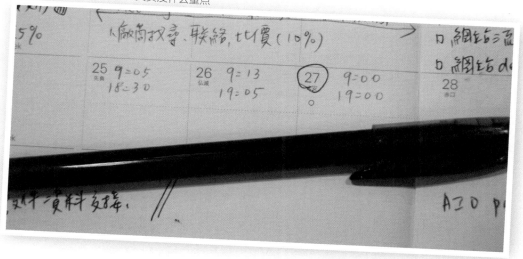

◎ 将下班时间与项目进度比对

当我们将"下班时间"跟"项目进度"放在一起对照时，会出现以下四种可能性。

1. 准时下班 + 准时完成项目：

出现这个结果绝对要恭喜你一万次，表示你在管控项目进度上非常有能力。没什么好多说的，100 分 !!

↓我用红笔记录每一天的下班时间；在最后周末的格子里，
写上目前的进度是否有 delay（延后）

2. 准时下班 + 延迟完成项目：

就这四种结果而言，我自己最不能接受这一种。因为这表示我知道项目会 delay，却不愿意加班把它做完，感觉比较没有责任感。如果大家利用手账记录后发现是这种结果的话，那就赶快想办法改善吧（笑）。

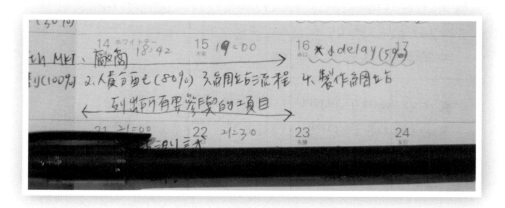

3. 加班 + 准时完成项目：

我觉得加班这件事情并不能用二分法看待，如果这是你喜爱的工作，沉浸在里头就会觉得很快乐，毕竟做自己想做的事情，会打心底感到开心；反之，如果是不喜欢的工作，可能就会想要准时下班，多待一分一秒都嫌晚。

加班时长若在能忍受的范围内，就不妨舒心应对，不用太计较。但如果每天都加班到很晚，或许就要跟主管讨论一下，怎么重新分配工作较为妥当。

4. 加班 + 延迟完成项目：

相较"准时下班 + 延迟完成项目"，我觉得这个状况好多了，至少我们尝试过，也努力过了。但是这个状况更需要和主管或是相关人员沟通讨论，这样才会知道为什么努力加班却还是 delay 了。

IDEA 3-11

挑本适合上班的手账，
工作效率绝对提高——
让你成为职场常胜军

看完了以上这些记录方法，你是否也跃跃欲试想要买一本上班专用的手账，开始记录工作事务呢？不过，挑选上班手账跟一般记事手账又有些不同，究竟有哪些需要特别注意的地方呢？以下就跟各位分享我的挑选心得。

◎ 先从外观开始选起

虽然外观不是最重要的选择因素，但是大多数的人最在意的还是手账给自己的第一印象，所以还是从外观开始选起吧！

前面我一再建议大家在写上班手账时，尽量使用简单朴素的文具，因此挑选手账外观同样建议以素色、简洁风为佳。我觉得使用简单朴实的手账有助于专业形象的建立，如果恰巧跟上司或高层人员开会，翻开来，是满满的可爱插画风格还是简单大方、干净利落的风格比较能树立专业形象呢？

找到一本简单干净、看得顺眼的手账后，接着，我们来替手账剥"衣服"看它的内在吧！

⊙ 选择手账大小

大家可以对照以下这些情境设想，去思考自己平常办公的状态。因为我是坐办公室的，所以难免会以办公室环境为出发点，如果大家的上班情境有些许不同，也欢迎私下告诉我哦。

1. 一周超过四天会待在办公室：

我思考的角度是常待在办公室，不需要带着手账东奔西跑，所以建议挑比较大本的手账放在办公室。又或者，假使常常需要开会，但也仅限于公司内部的话，同样挑大本的手账，可以有足够的空间记录会议信息。

2. 经常要外出谈生意，工作性质偏业务类，建议选择：

a. 不占空间的小尺寸手账，主要优点就是方便携带。

b. 大尺寸但是轻薄便携的手账。虽然大本，但是不重，好处是依然可以有庞大的空间记录事情，不过公文包也要大一点才能塞下大尺寸的手账。

3. 即使回到家，也还是需要看上班手账加班：

如果是这种状况，就要带着手账了，但也不会像外出谈生意那么频繁，所以我建议大家挑选 A5 尺寸的手账，配上一支简单的三色笔即可。

4. 一周通常有三次以上的会议：

我习惯把会议记录也写在手账上，因此如果你的会议很多，每个会议又都跟自己息息相关，需要大量记录的话，可以考虑选一日一页的手账，一日一页能记录更多！

5. 喜欢写大字胜过蚂蚁字：

小手账的坏处就是只能写蚂蚁字，如果你没办法写蚂蚁字，或是喜欢写大字，也许首先要考虑 A5 以上尺寸的手账喽。关于手账尺寸的大小比较，在第一部分中提到过，大家可以往前翻阅哟！

◎ 选择手账纸质

手账的纸质重要吗？当然重要喽，好写的纸可以带你上天堂，写起来不仅顺手，字也会好看——当然还要看笔好写与否。就手账而言，如果外在是挑选手账外貌，那么内在就是纸质了。

虽然手账没办法拆开来让我们试写，但是每个文具品牌都有其惯用的纸，一开始可以花钱买点经验，如果买到不好写的手账，下次就要记住，尽量不要再买同一家的。

粗略就"纸"的分类来看，有以下几个特点大家可以参考。

1. 纸的颜色：

大多数的人应该会觉得手账的纸就是白色吧！也有人不在乎手账纸是什么颜色，只要能写就好。但你知道吗，如果需要长期书写，稍微偏黄的纸反而不会造成眼睛疲劳哟！

太白的纸看久了其实眼睛会累，这跟日光灯是类似的道理，纯白又大亮的灯，看久了眼睛会不舒服，如果使用略偏黄的灯，眼睛的负担不会那么重。

我自己买手账都会选偏黄的纸，当然也不是说要超黄（笑），但至少不能白到让眼睛不舒服。

像我现在使用的 TN 就是淡淡的黄色，不过其可以另外添购的笔记本反而是纯白的，两种本子摆在一起可以很明显地看出差别。

2. 纸的吸水性：

不知道大家有没有这种经历，有时用水性笔写字会觉得水都被吸进纸里了。有的美术纸会有这种吸水的特性，如果你偏爱这样的吸水感，可以考虑实心美术的手账，就我所知，实心美术的吸水感蛮强烈的，但，会吸水的手账不太建议用 0.3 这种偏细的圆珠笔，因为写起来会划纸。

一般的日本手账不会是这种材质，如果喜欢用细的圆珠笔，可以优先考虑日本手账。

3. 纸的轻薄度：

大家也许会觉得，所有一周一页的手账，都比一日一页轻，毕竟一周一页的纸比较少。

但那可不一定哟（笑）。

好的纸是薄的、轻的，但不容易破。即使页数多，你也不会觉得它很重，至于为什么大家都觉得一日一页重，是因为我们会在里面剪贴很多图案，或放很多额外的小东西在封袋里，不知不觉就变重了。两本还没有写过的手账相比，一日一页即使重，也不一定会重很多哟！

依照我自己的使用经验，韩国的手账纸都偏厚偏重，日本的手账纸偏薄偏轻。如果你喜欢拿在手上的厚实分量感，可以试试韩国手账；如果喜欢轻薄的话，可以考虑日本手账。

最后为大家总结一下，忙碌的上班族需要长时间使用手账记录的话，建议优先挑选手账的用纸。从"颜色"（偏黄的纸比较不伤眼睛）、"吸水性"（影响写字时候的舒适度）以及"轻薄度"（影响手账拿在手里的感觉）这三点出发挑选，希望大家都能选到自己心目中理想的手账。

PART **4**

旅行的大充电
带着手账自由行

IDEA ・・・・・・・・・ ・・・・・・・・・ IDEA

IDEA 4-1

行李中的文具：
把手账随身携带，
留下回忆的旅行组合包

不眠不休地工作后，大多数朋友都会期待周六日可以好好休息充电。不过假使工作累积很多，或是需要常常跟老板、客户沟通、开会，区区周休二日是无法满足这些已经被工作淹没的朋友的，因此，来一趟 3 — 5 天的小旅行是必须的。

有时候旅行不是为了玩乐，而是纯粹地想放松，让自己走出熟悉的城市，潜意识里有种把"工作"抛开的感觉，什么都不想，就是好好地到陌生的地方玩上一趟，不管是体力还是精力都可以得到补充，无怪乎现在越来越多城市上班族，总喜欢用"旅行"代替"在家休息"。

而如果你喜欢使用文具，恰巧也喜欢旅行的话，就一定不能错过接下来的这个部分。前面跟大家分享了工作中如何使用文具，现在就让我们彻底抛开工作，一起利用手边的纸本文具，来规划一趟完全属于自己的小旅行吧！

◎ 我的旅行文具组合包

旅行不可免俗地会提着大大的袋子或行李箱四处跑，感觉可以带着走的文具就更多了，但考虑到旅行结束后一定会买伴手礼，建议还是不要把家里所有文具都搬出去，不然回程时文具用不完，伴手礼又一堆，包包可能会放不下。

我自己旅行时习惯轻便取向（其实是为旅行时疯狂购物预留位置），以下这些都是我筛选后，推荐给大家的文具组合包，虽然数量不多，跟前面的上班及上学组合包差不多，但在外面旅行应该够用了（笑）。

以下是我带着出门的旅行文具组合包。

◎ 1. 旅行用手账：记下所有美好回忆

所有的文具组合包一定会有一本手账，出门旅行当然也不例外！不过出门旅行要带的手账跟平时上班、上学用的手账不太一样，上班、上学用的手账是年度手账，小旅行当然不会去一年，而且也没那么多假吧！

现在有很多专门为旅行规划的手账，最经典的应属Moleskine的"热情"系列，虽然一本不太便宜，但利用它可以为不同天数的旅行做规划，所以买了一本手账，就可以记录很多次旅行，CP值（性价比）还蛮高的哟！

◎ 2. 点点胶／圆形贴：把旅行发现带回家

我们在旅行途中会拿到很多地方传单或是介绍景点的纸质文件，这些通常代表一个国家或地方的文化，而且有的传单设计得超好看，应该很多人都跟我一样会想把这些纸通通收集起来带回家吧！可是每当回酒店整理之后，是否又会觉得这些纸很重，不想带回家呢？

如果你跟我有一样的困扰，那就记得一定要带个可粘贴的工具，把觉得好看的图案剪下来，贴在手账上。

◎ 3. 剪刀：裁剪旅行的零散票券

前面提到可以粘贴，也可以把喜欢的图案剪下来，所以可以带一把专门剪纸用的剪刀，不过要特别注意的是，剪刀千万不要放进你的随身行李跟着上飞机，安检是不会过的。我乘机都是把剪刀放进托运行李，但不知道每个国家的规定是不是一样，所以出国前建议还是看一下航空须知，或者在当地买一把随用随丢的便宜剪刀。

◎ 4. 三色笔：写日记必备好笔

几乎每一个文具组合包都会出现的三色笔，一支抵三支用，携带方便的好处就不多说了。但如果有每天回酒店后疯狂写日记的习惯的话，可以再带一支单色笔备用，因为三色笔其实蛮耗墨水的，出门在外要补货也不太方便。

当然，如果想带很多支三色笔，或是多带笔芯做替换也是可以的，就看大家的习惯喽！

⊚ 5. 信封袋：收集你的那些传单纸片

不知道为什么，我只要一出国就会得"什么传单都想拿的病"，总觉得那样做可以融入当地文化。但如果把传单上的图案剪下来，又还来不及粘贴到手账上的话，我会带几个信封袋，把零散的纸片装在信封袋里，如果旅行途中需要更换旅馆的话，这样收纳也很方便。

至于信封袋的样式，我会特别挑选牛皮纸信封袋，因为我觉得任何产品只要搭配上牛皮纸，整个人就立马文青了起来（陶醉）。此外建议大家选择横式的信封袋，如果剪下来的图案比较大，大多数横式信封袋可以完全收纳。

⊚ 6. 纸胶带分装：一次带上多种款式

旅行时如果要携带纸胶带，大家几乎都会选择用分装，分装的好处就是可以一次带多种款式，而且不占空间。快一起加入分装的行列吧！利用塑料片或是塑料吸管就可以简单地做纸胶带分装喽！

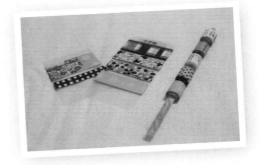

> 分装用的塑料片哪里买？
>
> 塑料片在美术用品店或手工艺材料店都可以买到，有兴趣的朋友可以到这些地方找找看或直接询问店员。

IDEA 4-2

选对贴纸，
不用手绘也能给旅行手账
增添与众不同的心情风味

旅行时可以带自己喜欢或平常在用的装饰贴纸，不过我想跟大家分享的是"符合当地民俗风情的贴纸"。

例如这款"安妮去旅行"的贴纸套组，里面有很多可爱的景点，以及我们旅行时常做的动作（例如摄影）。假设我们今天去伦敦欣赏了大本钟——恰巧"安妮去旅行"的贴纸就有大本钟的图案，而你跟我一样都不擅长画画，就可以拿大本钟贴纸贴在手账上，直接在旁边写下今天去看大本钟的心得。

这种做法其实跟自己画画，或是将景点拍下来贴在手账上是类似的道理，都是利用图像记录与加强回忆。虽然画画跟拍照会显得更生动，但如果手上没有工具的话，先用可爱的景点贴纸记录，也不失为一个好方法。

IDEA 4-3

旅行前资料准备：
先从行程开始，
最有效率地整理到手账中

随着旅行风潮愈加盛行，许多人都会把自己旅行的行程或是经验分享在网络上，给即将旅行的朋友做参考。行前工作非常重要，对即将去旅行的国家了解越多、准备功夫做得越充分，越能享受当地旅行的乐趣。

旅行前要准备的功课，不外乎行程、路线规划和当地实用会话等，现在当然不是要跟大家分享该怎么找这些信息，而是找到信息以后，要怎么将资料整理到手账中，让我们的旅行更加畅通无阻。

先从整理行程开始吧！

出国旅行最重要的就是行程了，即使是自由行到处走走，也会先选好几个一定要去的地方。规划行程的重要之处，不在于要玩很多景点，而是通过规划找出最不浪费时间的路线，清楚下一步要去哪个景点游玩。

通常我们都会先从网络或旅行书上找好要去的景点，然后放到像"印象笔记"之类的数字化笔记工具中。我认为数字化产品跟纸笔并不对立，而是可以互相辅助的工具。"印象笔记"可以记录图片、详细的景点，以及网络上大家的心得分享；而纸笔可以记录每个行程中的店名、要去的地方的名字，还有地址。

我习惯把大方向记录在手账上，把琐碎的事情写在电子笔记里，如果旅行途中迷路了，需要询问当地人，就直接把手账递给对方看，这样会比拿出手机或平板电脑方便得多。

如果对方好心地要帮我们画路线图，拿起笔就可以迅速在手账上作画啦！

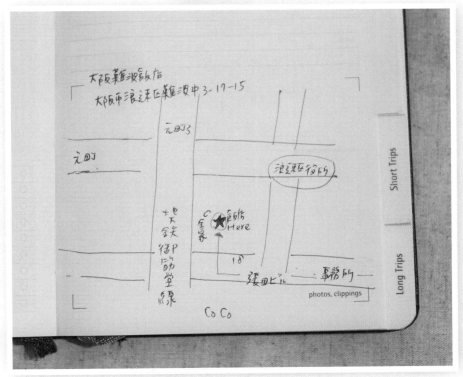

◎ 如何在手账上机动性调整行程顺序？

我在手账上整理行程的惯用方式，是只记店名或景点名称，以及相关地址。如果你或同行的友人很会看地图，也可以画个简单的地图在行程旁，地图不用画得太复杂，只有线条跟方位即可。

另外，行程也要按时间顺序记录下来哟，假如到了出发前一天行程都还没有完全确定，也可以出动便利贴，将各个行程分开写在便利贴上，利用便利贴可撕可贴的特性来调整行程，这样很有机动性。

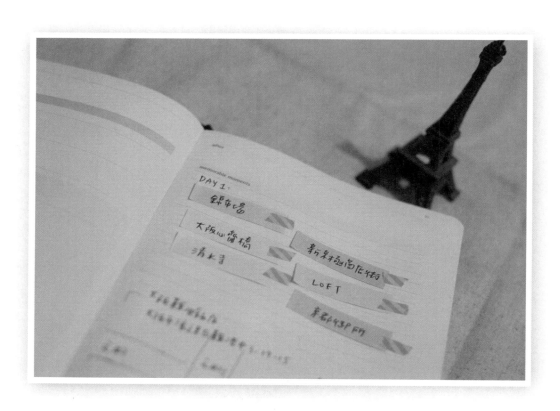

◎ 穿插在行程里的批注

如同前面提到的，大行程尽量简单写，而行程与行程之间的间距可以大些，这是
为了方便我们在行程旁写下批注。

我们通常会在行程旁记录要注意的事情，例如：景点是免费参观还是收费入场？
是否有公交车或地铁能到达？营业时间？毕竟语言不同，很多事情到当地才询问
确认的话，可能会来不及。可以
先从网络上找到信息记录下来，
事前的功课虽然繁杂，但也是为
了旅途的顺畅与省心。

◎ 旅行游中的当地会话

当我们确定行程后，接下来就要开始准备旅行时可能会碰到的一个大问题：沟通。
当我们到了人生地不熟的国家，又不会当地的语言，甚至英文也不怎么灵光的时
候，该怎么办呢？这时候可以准备一些常用的会话以备不时之需。最常用到的是
机场出入境、酒店入住和退房，以及结账时的对话，所以我们可以事先准备这些
常用的对话，必要时直接拿出来
指给店员看，才不会手忙脚乱。

⊚ 记录待办事项以及要准备的东西

除了计划行程外，出发前总是有很多事情要确认，像是：换洗衣物要带几套？网络漫游或 Wi-Fi 要不要办？换多少钱？充电器是否能在当地使用？护照有没有过期？……超多琐碎的东西要确认或添购。

我不太喜欢手忙脚乱的感觉，所以如果要旅行，会尽量提前一周把所有东西准备妥当。不知道大家是否跟我有类似的经历，总是过个几天，才会突然想到还有事情没准备好，毕竟我们很难一开始就把所有事情想周全，所以如果提前准备好，至少还有缓冲的时间可以为后续想到的东西做准备。

此外，以防今天想到明天就忘记，我们应该立即把该处理的待办事项写在手账上。而准备的东西只会多不会少，所以我会预留一点空间。写在旅行手账上的原因是，当我们要再次旅行时，可以直接参考之前写的待办事项，就不用从头花时间想要准备什么了。

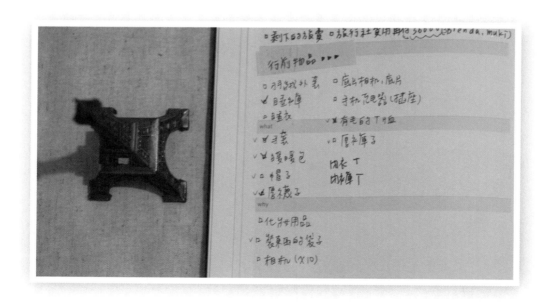

◎ 伴手礼或代买品

外出游玩，给家人、朋友、同事买礼物可说是必花的预算，如果事先可以得知对方的喜好，或是大概知道要买哪些伴手礼，可以先写在手账上，到时候要查阅会比较方便。

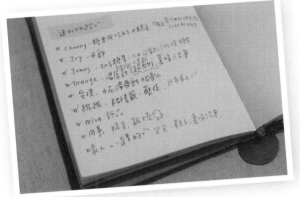

此外也会有朋友托自己带些当地产品回来，我们可以请朋友把产品名称写完整，最好再附上相关照片，毕竟如果信息不清不楚，买错东西实在很麻烦。收到照片后，我会把产品照片印出来并剪贴在手账里头做记录，到了贩卖地点只要把手账摊开询问店员就可以，非常方便。

IDEA 4-4
发挥小创意，
旅行护照 + 收据
有效收纳到手账里

收纳重要文件的备份

我们会随身携带手账，从外表看上去，手账也不太像贵重物品，所以我们可以把护照、电子机票等比较重要的文件打印一份夹在手账里。

如果购买了当地的地图，也可以直接夹在手账里，要查阅对照的时候就会方便许多。

↓ Moleskine 的旅行手账有简易收纳袋，可以把重要的东西收纳在里面

◎ 用手账记录每天的花费

虽然出去玩很开心，但还是要记得自己换了多少钱，以及每天的花费和余额，才不会因为没有控制好，到了最后几天出现没钱的窘境哟！

我习惯把每天消费的账单收集起来，在晚上回到旅馆休息时，开始计算今天花了多少钱。如果是在没有账单的地方消费，在购买的当下我会记住花了多少钱，或是先将数字记在手机里，等到回旅馆一并计算。

账单不一定要贴在手账上，因为我们只是利用账单记录每天的花费，当然如果想要收藏当地的账单也可以，但我觉得记录购买的商品会更有意义。假设今天购买了一双鞋子，且携带了拍立得的话，可以把鞋子拍照后印出来，写下你为什么要购买，或是购买时的趣事、购买后的感想等。没有相机的话也可以简单把它画出来。

IDEA 4-5
拍照让旅行更愉快：
点点滴滴，
用照片收藏最美好的回忆

每到一个景点或是吃当地的美食，大家会习惯拍照、写进博客，或打卡上传到社交网站，这些都是一种记录。而正是通过这些记录，我们往后在回想起旅行时可以有个美好的回忆。旅行中发生的事情也许经过很多年已经记不得了，但只要翻阅这些记录，过往又会历历在目，让人回想起当初旅行的美好。

记录可说是旅行中重要的一部分，记录的方式有很多种，就像前面提到的，有人会利用数字化的工具收藏，而旅行手账同样能记录旅行时的这些美好回忆哟！

◎ 将旅行中的趣事记录下来

对每个人来说，唯有觉得好玩或是值得纪念的事情才会写下来，但是每个人对"值得记录"的定义都不太一样，有的人喜欢美食，就会把他吃过的美食口感记下来；有的人喜欢动物，只要在旅行途中看到可爱的动物就会记录。正因为大家喜欢的东西都不一样，记录才显得如此珍贵，假如同行的朋友也有记录旅行的习惯，旅行结束后互相交换阅读，更有一番风味。

我习惯在旅途中记录一些好玩有趣的事情，还有欣赏每个国家的建筑以及街道。我偏好自由行，比较不喜欢跟着导游去观光景点，或一路搭着游览车前进，而是喜欢当个异地人融入当地文化，然后很悠哉地过几天旅行生活。

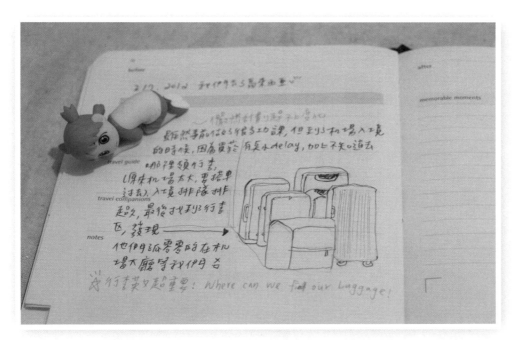

◎ 搭配照片记录旅行

最能让我们产生共鸣的记录方式通常是"图 + 文"这样的组合，毕竟照片本身就能记录当下发生的事情。但一般的数码相机无法拍完马上洗出照片，让我们贴在手账上，如果要搭配照片记录的话，我们通常会用拍立得这种即拍即得的摄影产品。

现在除了拍立得外，还有许多类似的产品可以帮助我们实现即拍即得的功能。

1. 拍立得：

拍立得，顾名思义，就是即拍即得的意思，也算是这类产品的始祖之一。按下快门后，有种跟底片相机一样的未知感，却又可以在几分钟后直接看到拍照的成果，令人又期待又兴奋。现在在中国台湾地区比较热门的拍立得产品，应该是富士的instax mini 系列，可爱的外形，多变的色彩，推陈出新的功能，无怪乎会受到大家的喜爱。另外富士的拍立得底片也有很多种图案可选择，算是带动了一股购买风潮。

喜欢使用拍立得拍照的朋友，可以优先考虑富士的拍立得系列，容易入手，底片也不太会断货。但拍立得无法像数码相机一样，可以先看拍出来的照片好不好看，加上拍立得底片其实不便宜，如果拍坏了就还蛮可惜的，所以如果你是拍照门外汉，也可以考虑用其他的产品代替。

↓来源：Google 搜索界面

2. 富士 Pivi：

就像前面提到的，在使用拍立得的时候，可能会因为拍出来的照片不好看而浪费
一张底片，所以后来推出了一些"便携照片打印机"产品，像富士的 Pivi 或是宝
丽来的 Pogo 都有这种功能，可说是拍立得的替代产品。

这类产品的使用方法很简单，从数码相机中挑选出要打印的照片，然后传入
Pivi，就可以打印出跟拍立得一样的照片啦！Pivi 也是富士的产品，我个人觉得其
使用的底片跟 instax mini 系列的底片差不多。以下是用拍立得和 Pivi 打出来的
照片，大家可以比较一下，真的没什么差别。

拍立得的底片真的不便宜，如果改用像 Pivi 这样的产品，可以大大降低出错率。
不过这也表示要同时带数码相机以及 Pivi 出游，如果平常就喜欢带数码相机出门
拍照，也许可以考虑这样的组合。

↓ 左边直式是 Pivi 便携照片打印机打出来的照片，右边横式是 instax mini 的
拍立得照片，如果没有说明，是不是看不出来差别呢？

3. 宝丽来 Pogo：

除了富士之外，拍立得的始祖大厂宝丽来也推出过类似的"便携照片打印机"产品，它可以通过蓝牙连接手机或通过传输线连接相机，将里面的照片印出来，体积比 Pivi 更小，也更方便携带。不过最大的差别在于底片，Pogo 印出来的是相纸的材质，不像拍立得有边框，而且 Pogo 的相纸可以粘贴在纸上。

如果要把照片贴在手账上，或许可以粘贴的 Pogo 会比 Pivi 更加适合。

此外，宝丽来也会陆续推出更新的产品，有可以打印出跟拍立得一样的有框相纸的，还有跟拍照结合的数码拍立得（即拍即印），大家如果对这类产品有兴趣，可以到宝丽来的官网看更多信息。

4. TAKARA TOMY xiao：

提到即拍即印的数码拍立得，xiao 算是其中一款，但跟富士以及宝丽来相比，知名度低了许多，应该很少有人听过这产品，但我唯一一台数码拍立得，刚好就是

xiao（笑）。当初会选择 xiao 是因为看到一名博主的开箱文，瞬间被"烧"得体无完肤，博主的推坑真的超恐怖的（点头）。xiao 不像 Pivi 和 Pogo 那样只有黑色的外观，它有蓝色与粉色可以选，对女孩子来说应该会增添一些诱惑力。

↑粉色跟蓝色都很漂亮、很吸睛

帮你实时将多张照片合并!

它的特色除了可以拍照打印之外，还有合并功能，可以在一张相纸里放上多张照片，此外相纸也可粘贴在纸上。如果不想把一整张相纸贴在手账上，就可以利用它的分割功能，裁剪成自己想要的大小。

xiao 外形好看，携带也很方便，但因为知名度不高，所以相纸不容易购买，想买 xiao 的朋友，要稍微注意一下是否找得到买相纸的途径。

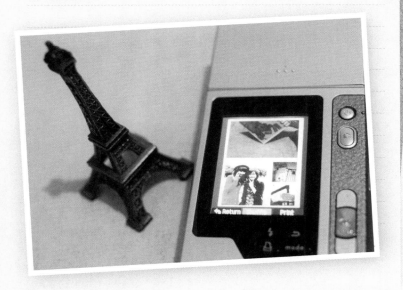

IDEA 4-6
不是画家也没差，
临摹 + 拼贴
让旅行手账也有手绘风

除了将照片粘贴在手账上之外，我们也可以尝试用手绘记录旅行！虽然我们没办法像插画家或是天生有美术基因的朋友一样，可以把眼中的景象画得如此生动有趣，但还是可以尝试画些简单的图案，或是看着相机里的照片模仿着画。

当然，除了照片与绘画之外，也不能忘了我们强大的贴纸，可以携带一些符合当地风情的贴纸，如果要到类似的景点，就可以利用贴纸辅助啦！

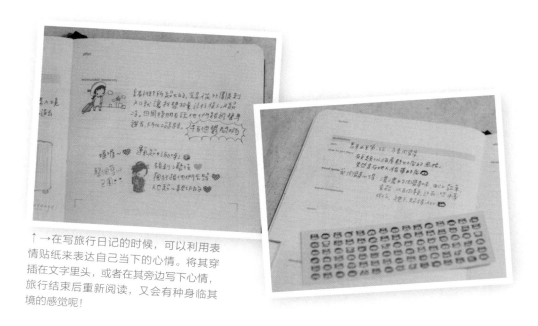

↑→在写旅行日记的时候，可以利用表情贴纸来表达自己当下的心情。将其穿插在文字里头，或者在其旁边写下心情，旅行结束后重新阅读，又会有种身临其境的感觉呢！

IDEA 4-7
加点小用心：
到这些地方收集，
找到手账最佳游记素材

如果希望旅行手账跟生活手账一样，以"填满手账空白"为目标，那千万不能错过旅行中可以收集的任何素材，以给我们的手账更添丰富性。每个国家都有充满自己特色的纸张，比如票根、传单，甚至是包装纸，一定都跟中国的不一样，我觉得这些是除了去各个景点拍的照片外，最能代表当地特色的素材之一。

所以旅途中可以拿到的纸张都千万不要错过，好好地收集起来，等回到酒店再一起整理记录吧！

收集身边的素材

上述提到的素材可以从哪里取得呢？其实就是把握一个简单的原则：能拿纸的地方绝对不要错过！此外我整理了一些可以拿素材的地点，有兴趣的朋友可以参考看看。

1. 店家

不管是餐厅、美妆店、衣饰店，还是书店等，只要有店面的店家，在结账处通常会有 DM（快讯商品广告）以及名片可以索取，DM 上会有优惠商品以及新品等相关讯息，名片则有店家的 logo（标志）、地址等信息。如果在店内消费了，或是觉得这家店的气氛很棒，都可以用这些素材记录在手账里。

2. 明信片贩卖处

旅途中总是有很多地方可以买到当地的明信片，除了收藏、寄给朋友以及自己外，还可以将明信片的图案剪下来当作游记素材贴在手账上，使其成为自己独一无二的旅行印记。

3. 地铁

有的国家的地铁里会有 DM、地图或者是薄杂志可以让大家免费索取。地图上一般有交通路线图，可以用错综复杂的地图路线营造出旅行的感觉。

4. 观光景点

知名的观光景点也有传单
供免费索取，我们可以直
接剪下来利用，拼贴在我
们的旅行手账上。

◎ 将素材剪切后粘贴在旅行手账上

搭配这些随手可得的素材将旅途记录在手账里，跟用贴纸和照片又是不一样的感
觉，这些素材因为都是在当地取得的，感觉更能贴近旅行时的心情呢！

IDEA 4-8

和工作、学习大不同：
如何挑一本旅行手账，
让自己的旅途更丰富、自在

旅行手账跟一般的记事手账规格差很多，一年的记事手账一定会有的年计划、月计划、日计划，对旅行手账而言并不重要，毕竟两种手账的重点完全不同，所以如果要挑选适合旅行的手账，可以先排除一般记事手账。

几个知名的文具品牌针对"旅行"这个主题，设计了旅行专属手账，我目前用过的旅行手账有这两款：

1.Moleskine"热情"系列旅游手账

2.MIDORI TN

Moleskine 和 MIDORI 的旅行手账，风格以及内容编排差别非常大，我就用这两款手账作为例子，跟大家介绍该怎么挑选适合自己的旅行手账。

◎ 协助我们分类及规划的旅行手账

有的旅行手账就像一般手账一样，会帮大家把年记事、月记事等分好类；甚至像读书计划一样，把细节的事务也都先规划出来，我们只要一个萝卜一个坑地填进去即可。如果喜欢这种规划方式的朋友，可以考虑使用 Moleskine 的"热情"系列旅游手账。

就 Moleskine 来说，它的书签分为"Wish List（采买清单）""Planning（行前计划）""Weekends（周末旅游）""Short Trips（短途旅游）"以及"Long Trips（长途旅游）"，我们可以通过这样直观的分类，把自己的旅行记录填写在相应的位置。

此外，Moleskine 还针对不同的旅行类型，做了更重细节的规划，以 Long Trips 为例子，可以看到它帮我们把旅行要注意的大项标示出来，最后还设计了记录以及贴照片的空间让我们填充。

如果无法洋洋洒洒地大量书写旅行记录，且希望旅行手账可以帮你分门别类地规划，那 Moleskine 这种规划好的手账会蛮适合你哟！

◉ 随心所欲、完全让我们自由发挥的手账

接下来要看的是跟 Moleskine 这类旅行手账风格完全不同的手账。

如果说 Moleskine 这类旅行手账帮我们把旅行都规划好了，那么 TN 这类的旅行手账就是任我们自由发挥、完全随心所欲的最佳代表。

TN 标榜可以扩充内页。内页有两大类型，一种是时效性内页，
通常半年一本，不过旅行总是在一个时段内，所以时效性内页用在旅行手账中比较不妥。而另外一种内页完全没有规划，可以说是无字的内页，有方格纸、牛皮纸、空白纸等基本选择。

如果喜欢想到什么就写什么，把旅行中所发生的事情通通记录在手账上，那么 TN 这类的内页风格，会很适合让我们随意发挥。

> 为大家总结一下，其实旅行手账的差别就在于"规划"，喜欢照着手账规划的内页填字的，可以选择像 Moleskine 这样的风格；喜欢当成日记来写、想到什么就写什么的，可以选择像 TN 这样的风格。
> 最后希望大家可以挑选到自己喜欢的旅行手账哟！

PART **5**

创意效率高手
文具达人的进阶心法

IDEA · IDEA

有时候介绍文具产品，常常看到朋友这样的留言："某 App（应用软件）也可以做到哦，那为什么还需要用纸笔呢？"，或是"这个东西电脑上早就有软件啦！"，等等。

在现今网络、App 快速发展的年代，其实数码产品与纸笔在观念上的确有些冲突，那么到底要舍数码产品还原纸笔，还是享受科技的便利只用数码产品呢？我的观念是这样的，我觉得数码产品的发展绝对不是要把纸笔给打掉，最好的一个设想情境就是："如果数码产品没电了该怎么办？"想要使用文具产品，又对数码产品很喜欢的朋友，不妨换个角度思考，有谁说数码产品出现就一定不能用纸笔呢？让数码产品跟纸笔共存、互相辅助不是更好吗！

而在进阶心法这个单元，我想跟大家分享的是利用不同的文具产品，打造更适合你的工作环境。其中包含小小的改造、收纳的方式，或是简单的美化，甚至介绍一些市面上的产品等，可能会跳脱手账的框架，也希望大家会喜欢这样的分享！

→我相信数码产品的存在是为了弥补纸笔文具的不足，而非取代。手机+手账

IDEA 5-1

手账内页不够了？
发挥巧思自己做，
给笔记加上动人页面

如果手账后面的附录页不够写了，或是想要再做些有特色的内页补充进去，我通常会买一本薄薄的小本子塞在手账后面，但除了购买小本子外，也可以考虑自己制作简易的内页哦！

这里指的手账不包括活页夹，活页夹有打孔，所以可以自行在市面上买到要补充的内页。一般手账虽然没有打孔，但其实也可以把内页添加进去。

↑在手账里加上内页

首先必须考虑手账的尺寸，然后规划好自制内页的尺寸以及页数，建议不要贪多，除非你真的有很多想写的东西。一般当作辅助的扩充，我可能会放 5—10 页。当然，这还要视手账的厚度以及内页的使用状况而定。

网络上有很多热心的网友会自己制作手账内页，并提供 PDF 让大家下载打印，像我之前就用过 Incompetech 网站的方格纸内页。我会使用这个"方格产生器"的原因是其提供的选项非常多，除了可以选择方格的颜色外，还能自己决定方格的大小、行距等。

↑随心定制方格纸的网站 Incompetech（http://incompetech.com/graphpaper）

◎ 自己打印需要的内页格式

如果你不喜欢预设的方格风格，又不知道该怎么调配其他样式的话，别担心，这个网站还有更多的变化可让大家选择，像菱形、直线、虚线等，每种风格还可以继续个性化，绝对能做出超级适合自己的内页。

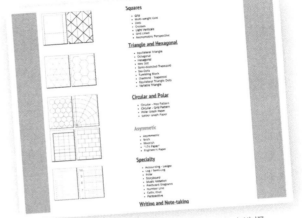

↑ Incompetech 有很多不同的内页款式供大家选择

设定好自己喜欢的方格样式后，就可以把 PDF 文档下载打印出来。以我之前自制的手账内页为例子，步骤大概如下：

1.先将方格纸打印出来。

2.对折，并根据手账的大小，裁切成适合的尺寸。

3.在中缝处用针做几个记号，然后缝起来（这需要一点手工技巧，手不巧的人可以请亲朋好友帮忙）。

◎ 动手准备内页与手账的装订

用针线缝的好处是跟线装一样可以摊平，而且我自制的手账内页都不会超过 10
页，所以针是容易刺穿纸张的。如果你觉得纸太厚不好穿，也可以单独在每张纸
上做记号，逐个击破。这时候用方格纸的好处就是，它可以帮你更清楚地定位你
的针要刺穿哪个点。

至于是否要使用线装，我觉得线装对没有缝纫基础的朋友来说，应该不容易上手。
我自己是没用过，因为一来线装对我来说太难，看教学图都懵懵懂懂的；二来纸
张的数量并不足以支撑起线装。此外如果会使用骑马钉，也可以考虑用骑马钉来
达到一样的效果哟！

做好内页之后，我们就要让手账跟自制内页合体喽！有的手账会有内袋，前后都
能塞东西进去，我们也可以把自制的内页塞入其中，当作一个简单的扩充记事本。

↓ 可以把自制的内页塞在手账的内袋里

而我使用的合体方式，是把自己做的内页贴到手账里头，不管是用纸胶带、胶水还是点点胶等，只要是有黏性的都可以。将最外侧的两张内页贴在手账上，这样虽然会牺牲掉两面空白页，而且不能随意抽取，但我觉得也能达到扩充的目的，同时不用怕内页会掉出来，算是跟手账完整结合了吧！

↑将自制的内页直接贴在手账里

⊚ 更多自制内页范本下载

除了前面提到的"方格产生器"网站外，还有许多这类的网站提供众多不同的格式让大家下载打印哦，以下简单帮大家做个整理。

1."超"整理手账：

提到自制手账，绝对不能不提"超"整理手账。"超"整理手账已经有 10 多年的历史了，一开始推出的尺寸是为了满足商务人士的需求：可以把资料塞到本子里，而且完全兼容 A4，不会把纸折得烂烂的。

它只贩卖一种内页，就是官网照片中可拉开的周计划。如果你觉得只有一种样式不够，想要其他款的，都可以免费在它的官网上下载打印哦。所以有人甚至按"超"整理手账的尺寸大小自制，让大家能直接下载免费的内页。

内页下载网址（现已经停止服务支持，请查阅相关信息了解）：http://blog.techou.kodansha.co.jp/refill/

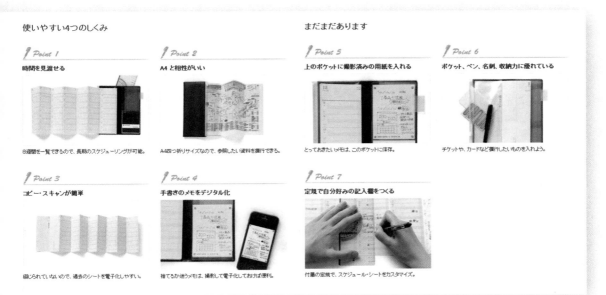

↑ "超"整理手账非常符合商务人士的需要

2. HOBO 官网的 Download City：

HOBO 为其贩卖的手账提供相应尺寸的内页，如果你用的恰巧是 HOBO 的手账，就可以直接打印使用喽！

内页下载网址：http://www.1101.com/store/techo/ja/download/?device=pc

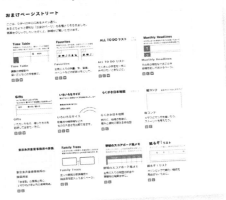

3. 西府：

不是只有日本提供内页下载的服务，中国也有非常热心的朋友自制内页分享给大家，除了常见的年、月、周格式外，还有中文版本的财务收支表，非常实用呢！也期待这位热心的朋友可以做出更多更棒的内页分享给大家。

内页下载网址：http://ppt.cc/h5zv（网址太长，所以帮它缩了一下）

↑实用的财务收支表

4. PDF DE CALENDAR：

这个是我超、超、超喜欢的手账内页网站，已经私藏很久了，这次特地拿出来跟
大家分享（笑）！这个网
站设计的内页都非常漂亮
且实用，线条简单利落，
还有四种颜色的版本可选，
而且又多又有特色，大家
绝对不能错过啊 !!

内页下载网址：http://pdc.
u1m.biz/

↑超级推荐的手账内页网站，设计都非常好看

5. Free Printable Paper：

这个网站同样有非常多的内页让大家选择，跟之前介绍的方格纸网站
Incompetech 类似，差别在于 Free Printable Paper 没办法自由调整想要的格
式。可是 Free Printable
Paper 光是分类就有 30
多种，保证让你挑得眼花
缭乱。

需要特别注意的地方是，
Free Printable Paper 的
下载分为 PDF 跟 Word 两
种格式，我们可以免费下载
PDF 文档，但下载 Word 版
本要收钱，差别在于不可编
辑与可编辑。

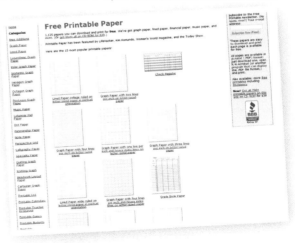

内页下载网址：http://www.printablepaper.net/

6. MyMoleskine Templates & Paper Toys：

文具大牌 Moleskine 也提供适合自家手账的内页，不过 Moleskine 跟上述内页
网站不太一样，如果想要一探究竟，必须先成为 Moleskine 的会员哟！

内页下载网址：http:// mymoleskine.moleskine.com/community/
msk-templates/

7. Sciral

虽然我不太清楚 Scrial 是什么网站（遮脸），不过它提供了三款免费的手账内
页，而且可以设定一些简单的细节，此外因为可以自由输入年份，所以没有时
间的限制。

内页下载网址：http://sciral.
com/free/index.html

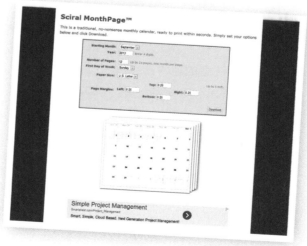

以上这些就是我自己私藏多年的自制内页网站，希望对大家有帮助。其实自制内页这条路非常多元且辽阔，你可以看到很多人的创意，如果看完之后心痒痒的，不妨尝试自己制作内页。

再给大家推荐一个朋友 Aki 的博客，Aki 有非常多跟自制手账内页相关的系列文章，最知名的就是"一页台湾"以及"自制手账"。Aki 把自己制作手账的心得分享出来，有兴趣的朋友可以去看看 Aki 的文章哟！

Aki 的博客：Take a Note（http://akatuki.me/note/?cat=14）

IDEA 5-2

买了太多纸胶带？
没关系，聪明分装，
各色胶带轻松带着走

纸胶带大概可以算是仅次于手账的第二热门的文具产品了。

纸胶带样式非常丰富多变，好撕、好贴又好拔，再加上可以在上面写字，所以成为大家的最爱之一，有的朋友甚至专门收集喜欢的花色却舍不得用。不过我自己买纸胶带到现在，也是没有一卷是用完的，所以大家不要怕，就安心用吧！

正因为文具控不可能只买一卷纸胶带，希望自己喜欢的花色都可以贴在手账上，大家想出了"分装纸胶带"的方法。所谓的分装纸胶带，就是把自己想带出门的纸胶带撕一段下来，再缠到塑料片或是塑料吸管等可重复粘贴的地方。

可能有人会觉得疑惑，要把纸胶带撕下来再粘到其他地方，没黏性的话该怎么办呢？这就是纸胶带的神奇之处啦！它跟一般的胶带可不太一样，只要不是大力快速地撕扯它，纸胶带绝对可以重复粘贴，而且黏性不会减弱哦！而对纸胶带而言，最适合分装的材质就是塑料，而且塑料很容易取得，所以我们在分装的时候都会优先选塑料片或塑料吸管。

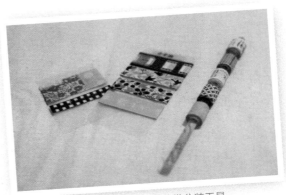

↑ 塑料片与塑料吸管是首选的纸胶带分装工具

IDEA 5-3
大手账外也要小手账：
一本轻薄随身本，
让我尽情涂鸦随手记

有时候临时要记一些笔记或想法，拿出厚重的手账感觉很不方便，而且临时记录的东西会涂抹乱画，不太适合写在手账上。我喜欢手账的版面干净清爽且有条理，所以额外添购一本轻薄的小本子，随身带着做涂鸦、备忘用。

我随身携带的本子是 Moleskine XS 硬壳版，硬壳版顾名思义，封面和封底都是硬壳制，很适合拿来当作写字的支撑物，即使没有桌子也能轻松写字。但因为我买的是 day planner（日计划），所以在页数太多、尺寸太小的状况下，写到边上手会悬空，不太好写。

备忘录不要求字美观，我们的诉求是快速记录，以及看得懂在写什么，所以如果你常常有东西需要临时记录，不妨买一本轻薄的小本子带在身边哦！

→小本子很方便携带，放在包里也不会占太大的空间

我在这里也整理了一些不错的备忘小本子给大家做参考，其实只要掌握"小"与"薄"这两个原则，剩下的就是看本子风格自己喜不喜欢喽！

indigo 的 THE BASIC 系列

就像系列名称 THE BASIC（基础），indigo 的这个系列产品风格非常简单，封面都是单色系，而且没有多余繁复的线条。特色除了简单之外，一次三本不分售（中国台湾地区），三本的封面颜色、内页都不同，内页是由常见的空白、横线与方格组成。有点像健达奇趣蛋，三个愿望，一次满足。

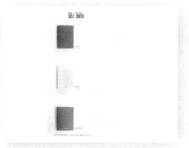

↑来源：博客来网站

↑来源：博客来网站

LIVEWORK todac todac 系列

我很喜欢 todac todac 的涂鸦风格，我也买过一本他们家的涂鸦手账，如果大家眼尖的话，可以看到这本手账在书中出现过哟！ todac todac 的轻薄本子是 B7 尺寸，不过内页是清一色的条纹，特色是有多种封面让大家选择。

蒋堂怀旧笔记本

想怀旧一下，或是来点恶趣味吗？那千万不能错过蒋堂的怀旧笔记本哟。不过它的尺寸比上面两款都大，是 A5 尺寸，虽然不是那么轻巧，却超薄到只有 16 页。封面以中国台湾地区古早风味为主，喜欢这种复古怀旧风的朋友，不妨考虑一下。怀旧笔记本为清一色空白内页，特色也是有非常多封面可选。

↑来源：Pinkoi 网站

IDEA 5-4

没有月历的手账
也可以自制日期，
随时添加时间提醒

手账有月计划的话，可以随时往前翻阅看日期，但如果我们买的是轻薄的小本子，记录到一半的时候，突然想看日期做对照，但本子没有附上月历，这时候该怎么办呢？

只能说，文具厂商真的非常有创意呀，在市面上贩卖月历彩绘贴纸，立马给笔记本变身。月历彩绘贴纸可以让大家自由贴在想贴的地方，一张是一个月，所以就跟真的月历一样方便查询。月历贴纸的尺寸通常不大，一般笔记本都适用哟！

如果不想买一整组 12 个月的贴纸，也可以考虑 DIY ，利用 Word 软件或是图像处理软件，就可以做出自己喜欢的样式喽！此外，网络上也有很多热心的网友提供许多可爱的素材，在不用于商业用途的前提下，我们都可以自由打印出来使用。

→网络上有很多可爱又好看的素材，可以作为个人用途使用

PART 5

IDEA 5-5

在手账上贴便利贴
如何善用空间？
反折贴法让空间活了起来

做笔记时肯定会记录一些特别
重要的东西，我们最常使用的
方法就是用不同颜色的笔标记，
或是在这段文字外围加个框线。

↑ 最常用的标记重点的方式

现在有许多可爱的文具产品，所以我们也能利用不同图案的便利贴、便条纸，将
重要的信息露出。市面上的便利贴都很漂亮且吸睛，如果手账风格偏向简洁型，
只要贴上一个可爱的便利贴，保证那一块会被突显出来。很多朋友现在都会改用
便利贴或便条纸，来取代改变文字颜色。

不过因为便利贴具有可重复粘贴的特性，所以不是每一款便利贴都可以牢牢地固定在手账上，贴久了边角甚至还会翘起来，每次翻到那一页都要小心翼翼。如果不需要重复粘贴的话，我们通常会采取像便条纸一样的做法：用点点胶把便条纸贴住就一劳永逸啦！

可是如果你是个喜欢把手账填满的人，会不会觉得这样好像盖住了一块可发挥的空间呢？（不知道这是不是有点填满症，但我真的觉得有点浪费。）所以我常常在想，是否能在不浪费手账原有页面的情况下，加上不会乱跑的便利贴做辅佐，扩大书写的范围？

最后我想到的方法是"反折"便利贴，将便利贴放在手账的边缘，然后将它反折回来。这样虽然也会占据空间，却不会像一整

块便利贴占那么多空间。我们还可以用纸胶带贴住要固定的便利贴，而有的素色纸胶带可以在上头写字，写下这张便利贴的重点是什么，让我们快速查阅。

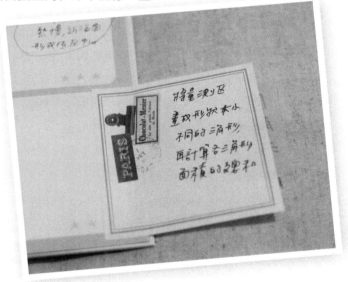

此外，如果你的手账有方格，还可以利用方格线对准便利贴哦！我觉得这也是方格纸的优点之一，你可以把它当作一把隐形的尺子，在手账排版的时候对得更齐。

IDEA 5-6

不要当便利贴女孩：
改用环保备忘板，
你的工作桌更有高效率和美感

不知道大家是否还记得之前有部偶像剧叫作《命中注定我爱你》，但我不是要跟大家讨论剧情啦（笑），因为我也没看过。只记得一开始看过它的预告，有个画面是这样的：

女生角被称作便利贴女孩，在职场上大家都会交代她做很多事，每个人都把自己的事情写在便利贴上，贴在她的电脑上、桌子上，为了戏剧效果还贴在她脸上。

只要是需要跟人沟通交流的工作，就需要用大量的便利贴做记录，我的确也曾在公司看过许多同事把便利贴贴在电脑旁边，甚至数量一多，就开始沿着电脑显示器的四周贴贴贴，也许乍看之下会觉得很忙、很有成就感，但我真的觉得很没有美感（偷笑）。

如果你需要经常使用便利贴，也常把便利贴贴在电脑上，也许可以考虑花个小钱帮电脑做装饰，有条理地贴在固定的地方，不要再绕电脑一圈了。不是便利贴越多，就表示你工作能力越强，适时地用便利贴抓出重点，排出事情的优先级，将要优先处理的贴出来，这才是有能力处理工作的表现。

↑贴着便利贴的电脑

市面上已经有类似的商品贩卖，几乎都是用塑料材质做成，可以贴在电脑显示器的外框上，因为标榜不留残胶，所以也可以贴在冰箱、墙面等平面处。就我所知，中国台湾地区跟韩国都有这样的商品，但两者还是有些微的差距，以下跟各位分享。

◎ 欧士备忘板

欧士备忘板有两种风格：一种是城市系列，背景是许多国家的特色风情；另一种是周计划系列，背景是周一到周日共六格（周六、周日在一个格子里），可以让大家把每天要做的事情放在特定的时间上。

衡量自己的需求，我的工作项目都不是一天内可以完成的，有时候会长达几周甚至几个月，加上我比较喜欢有图案的备忘板，所以我买的是欧士的城市系列。我一开始以为要用纸胶带或是便利贴贴在塑料板上，拿到实物之后才知道，原来它前面有一个小沟槽，只要把纸放在沟槽上即可。当然，喜欢用纸胶带做装饰的朋友也可以随意贴，纸胶带绝对不会有残胶（毕竟连分装都用塑料片了）！！！

不过欧士备忘板只有一个固定位子，就是只能安装在显示器的最上方。因此，所有的工作都要判断是否"紧急"与"重要"，不要一股脑地把所有被交代的事都贴在备忘板上，那样反而会把重要事务的权重拉低，同时你也分辨不出来哪件事情要先做。

◎ SGSGWG 显示器备忘板

要订购韩国文具实在有点麻烦，所以我没有买，不过光从图片就可以看出，他们家出了很多这样的备忘板。不像欧士只局限在显示器最上方，SGSGWG 有在上方的备忘板，也有在两侧的备忘板。初代的产品很单纯地就是一块塑料板，背景没有任何的装饰，之后还推出过动物样式的备忘板，比如兔子、青蛙、狗形状的备忘板。但 SGSGWG 产品的一个重要原则是：要贴便利贴的地方，是单色色块，没有花哨的背景。

此外，SGSGWG 不像欧士的备忘板有个小凹槽可以放纸，所以一定要用便利贴或是纸胶带贴在塑料板上哦！

IDEA 5-7
自己做分页书签：
建立手账索引，
让你更快找到重点

利用索引可以快速地找到我们需要的信息，有的笔记本会在纸张的边上用不同的
颜色作为识别标志，而活页笔记本多半会直接附赠索引（分隔）板。如果手上的
索引板不够，我们可以考虑自己做，或是在索引板上面加点小花样，变成专属于
自己的独一无二的索引板！

◎ 手账索引：从搜寻的角度做索引

使用非活页手账的朋友，想要帮手账做索引的话，最快的方法应该就是购买市面
上推出的"索引贴纸"，这大概又是一个恐怖的坑（擦汗）。

↓可爱逗趣的索引贴纸，俨然又一个钱坑

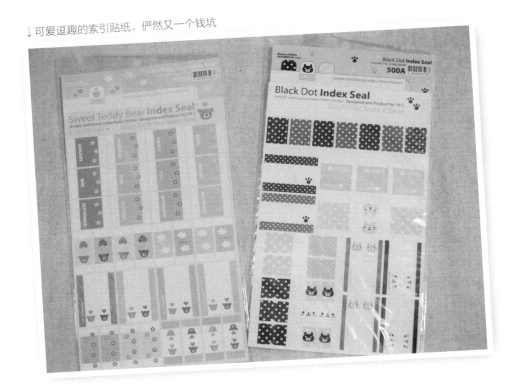

有的手账买来就会送你索引贴纸，以韩国手账居多，但送的多半是月份的索引贴，我认为送月份索引贴纸其实没什么用，因为月计划常会集中在一区，而且一面就是一个月，也不用特别在每一面都贴贴纸，那样超混乱的！

我觉得索引贴纸是用来分类的，而月份本身就含有顺序的概念，为什么一个已经有顺序的东西还要再分类，不觉得很本末倒置吗？

就我的使用经验而言，我在手账上做索引从来不会用月份去分，而是会看"这件事情的重要性"，以及考虑"我之后会不会再去翻找这类信息"，有点像利用关键词搜索去做索引的概念吧！

举例来说，我前阵子常常要去大坪林捷运站（地铁站）4 号出口，但是我这人生性散漫，常常不记得目的地到底是几号出口，所以每去一次都要先查地图，或者是到了捷运站每个出口都试一遍，错了就换另一个出口。这种状况发生了几次之后，我觉得有点烦，所以就在手账上加了一个索引叫作"大坪林"，每次只要忘了是几号出口，就拿出手账翻到"大坪林"那一页，看了就能确认是几号出口啦！

这虽然只是个简单的小例子，但我觉得非常符合手账索引的概念。手账跟笔记本的属性本来就不同，在手账上你必须抛弃旧有的"分类"观念，改用"关键词"的方式做索引，这样才能在手账中快速找到想要的信息。

但话说回来，要落实这样的观念，其实没那么容易，首先你要预估现在写下的行程，之后是否有机会被重复利用（搜索），或是这个行程是否重要到需要做索引。这一切都要凭写手账的经验，还有对自己的了解程度，而且手账通常不会太大，所以索引也不能做太多，不然整本手账的边角满满都是索引，看了会很杂乱。

◎ 利用纸胶带等文具制作索引

如果不想用市面上卖的索引贴纸，我们也可以改用纸胶带制作。会选用纸胶带，是因为我觉得放入手账的索引不一定要永久保存，就像前面提到的，它比较像是"关键词搜索"的概念，如果你确定之后不会再用到这个关键词，就可以考虑把索引拔除。用好撕好贴的纸胶带代替市面上的索引贴纸，就不会伤纸哦！

不过，市面上的索引贴纸越做越别致，真的会让人很想用！如果真的很想用索引贴纸，我们可以先在手账上贴一层纸胶带，再将索引贴纸贴在纸胶带上，这样就不怕撕掉贴纸的时候伤到手账喽！

IDEA 5-8

名片簿怎么管理？
活用纸胶带与便利贴，
让你马上找到重要人脉

踏入职场后，常常需要跟别人交换名片，尤其是业务员，或是像我们这种常跑社群的工程师，名片上的公司名称或人名，可说是代表了自己在别人心目中的第一印象。市面上有很多名片收集册产品，有可以收纳大量名片的大本、方便携带的小本、厚一点的、薄一点的、商务的、有设计感的……简直就跟手账一样千变万化。但是买来之后，不是光把名片放进去，就算是收集完毕喽。

如果你以前总是把名片塞进簿子里就算整理名片，那现在试着打开名片簿，随便翻出一张名片，回想一下名片主人的面孔，或是跟他认识的经过吧！我敢保证，如果名片主人原本就跟你不是很熟，你一定记不起来这个人是做什么的，或是当初为了什么目的而交换名片。那这样就没有交换名片的意义了，你也只是多了一张不知道主人的名片，不是很可惜吗？

怎么有效利用名片簿呢？名片簿除了收藏名片之外，还可以利用纸胶带或是便利贴在名片簿上做些批注。放名片的时候，在外层贴上纸胶带或是便利贴，写上有关名片主人的细节，或是你对他感兴趣的部分，这样下次再看名片时，就不会陷入忘了谁是谁的窘境。此外，利用纸胶带好撕好贴的特性，我们想替名片搬家的时候，直接把写过的批注撕掉就行，完全不会破坏名片簿哟！

除了在名片簿上加上批注之外，还有什么方法可以把名片簿的功能发挥得淋漓尽致呢？其实前面所提到的索引，也是非常好用的方法。

利用强大的纸胶带搭配索引贴纸，在名片簿上建立索引时，请大家千万不要傻傻地做"笔画索引"或是"注音索引""字母索引"等超没效率的索引。要记得，索引就是为了快速找到自己想要的信息。但当成沓的名片摊在名片簿上，而你根本记不得这些公司、这些人的大名时，做这种"笔画""注音"索引就好像没什么效率，对吧？

建议大家换个思路做索引，改按"名片的属性"做索引吧！

例如这张名片是美食餐厅，那我们可以建立一个叫作"美食"或是"餐厅"的索引，以后当你不知道要吃什么东西时，翻到那里就可以顺利找到许多美食店家，快速从里面挑选。又或者这张名片是同行的名片，像我是前端工程师，我就可以给自己建立一个"前端"的索引，如果需要与同行交流，有了这样的索引就很方便了。

名片簿不一定要以塞满为目标，但所有的名片都要记得写上你的批注，我觉得这才是在有意义地使用名片簿，而不是单纯把名片簿当成一个落灰的收集册。

IDEA 5-9

手账文具好姊妹：
聪明收纳在一起，
让文具跟着手账跑！

之前我在博客发表过一篇 TN 的开箱文，当时就有人询问 TN 里的夹链袋是在哪儿买的，不过很可惜，博客上的那款夹链袋是专门给 TN 手账使用的，所以即使买了也无法套在别的手账上。但从这样的询问热度来看，很多人都想给手账增加收纳文具的功能吧！

就 TN 来说，它标榜的就是可以自由扩充，选择你想要的内页组合，却又不同于一般的活页夹，甚至如果嫌重也可以拆开来单独使用。一般手账因为都帮你把内页规划组合好了，所以没办法像 TN 这样自由扩充，购买想要的配件。但即使如此，我们还是可以利用一些小巧思去扩充手账。

利用封套扩充手账

封套算是最简单也是最基本的扩充手账的物件，其实市面上的很多手账都会设计可以收纳东西的封套，例如最经典的 HOBO，它的封套除了可以选花色之外，还有非常强大的收纳功能。

另外像我买的这本 nōfes，虽然封套的收纳功能没有 HOBO 的强大，可是前后以及内里都有简单的收纳规划，可以让我放一些贴纸或是便条纸这种比较平面、轻巧的纸文具。

此外，如果真的醉心于夹链袋，EDiT 绝对可以满足你，EDiT 有的版本的封套就是夹链袋形式的哟！

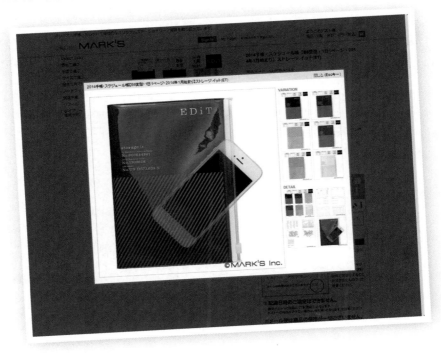

但如果你买的手账不是上述这些附封套的手账，可是你又很想要一个封套该怎么办呢？

别气馁，现在有很多手工卖家在制作手账的封套哟！因为手工卖家标榜的是可以替你量身打造，所以自由度非常高，可以选择哪个地方要做拉链，右侧、左侧各要做几个收纳袋，等等，真的是非常方便。

我以前也请过一位手工卖家帮我制作手账封套，可自己选择布料、左右侧的收纳袋数量等，个性化程度非常高呢。

↓欢迎大家去我的博客观看开箱分享（http://muki.tw/）

◎ 利用自制收纳袋扩充手账

如果封套已经不能满足你的收纳癖，不妨试试在手账上贴些简单轻巧的收纳袋。

收纳袋可以放常用的文具，像是贴纸、纸胶带分装或是便条纸等。原则上以放轻巧的纸文具为主，不要在收纳袋里面放笔甚至是印章这些比较重且凹凸不平的文具。

我通常的做法是直接在手账上贴一个信封袋，里面放轻巧的小文具。而信封袋只要稍加改造就会很有特色，不管是大尺寸还是小尺寸，都能轻易满足你呢！

IDEA 5-10

用完的小纸盒
简单改造，
变成桌上最漂亮的收纳工具

收纳工具千百样，可以用来改造的材料也很多，不管是特地去大创或是其他杂货小铺"挖宝"，还是利用随手可得的道具，只要是自己改造出来的，我想一定都很有成就感！我蛮推荐利用便利店贩卖的纸盒饮料做改造，不仅材料便宜，还可以解渴，真是一举两得！

或者是用面巾纸纸盒做改造，适合收纳比较大的物品。用完面巾纸后把纸盒拿来改造，同样一举两得！

使用纸盒的好处是，因为它本身就可以收纳东西，所以只要把开口裁切后洗干净、晾干，再贴上纸胶带或是布胶带、布料等装饰，就是一个很棒的收纳小物了。

而且纸盒很轻，所以我们甚至可以把好几个纸盒贴在一起，排排站地放在桌上、抽屉里，达到收纳的效果，同时又很美观。

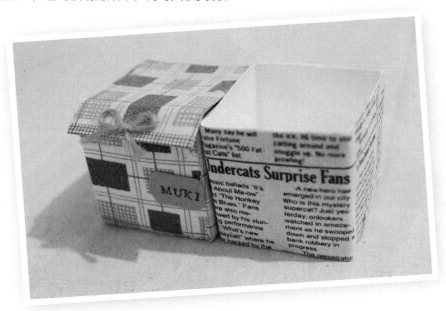

IDEA 5-11

手账里的单页年度计划
你都没有动过吗？
小巧思教你如何善用这页空间！

一本手账写到了年末，回头看总是有满满的成就感，但大家有没有发现，手账总有一些部分是你很少会去写的，甚至一本写完之后回头翻阅才发现："啊！原来还有这一页的存在！"

而通常这一页就是在手账最前面的"年度计划"。

虽然这样很伤手账的心，但我真的觉得年度计划是最没存在感的一块。虽然它在手账最前面，是个只要大家买了新手账就会发现的区域（因为买了新手账会很兴奋地一页一页翻），但随着时间的推移，年度计划通常会被慢慢地淡忘……

跟其他计划相比，年度计划有很多不同的地方。像是：

1. 其他计划都有好多页，但它只有一页，整本手账它就只出现这么一次。

2. 为了把 365 天都塞到同一页，年度计划的格子非常小，实在不便于写字。

但换个角度想，年度计划存在于手账那么久一定有原因，如果我们不知道可以在上面写什么，那不妨思考年度计划有什么特性，去利用这个特性找出更多不同的可能。

我觉得年度计划最大的一个特点就是"范围大"。相对其他计划，年度计划绝对是范围最大的一个，毕竟能够把 365 天放在同一页，你敢说它不大吗！所以我们可以思考一下，有哪些东西适合大范围记录。

另外，因为年度计划的格子不大，所以不适合记录太多"不同类别"的项目，以记录"单一事件却是持续性的行程"为佳，最多不要超过两件事。

以下就跟大家分享几个适合记录在年度计划中的行程或事件，可以依照个人情况选择，或是从里面发展出更有趣的变化哟！

◎ 记录每天的体重变化

体重记录可说是年度计划的百搭款，很符合前面提到的单一事件（体重），以及持续性的行程（每天都量）。

因为年度计划的格子已经很小了，所以刻度不要太多，我在每月末的格子下大概会写上三个刻度。每天量完体重后，只需在与体重对应的刻度位置点一下，月末再把它们连起来，就是月体重折线图了。从这个折线图可以快速看出自己的体重变化，对于想要减肥或是控制体重的朋友，这样利用年度计划还蛮实际的。

◎ 记录考试或休假

考试或休假虽然不像体重一样可以天天记录，但也算是一个持续性的行程。我会选择记录"体重"和"休假"，"休假"不用天天记录，这样版面也不会很杂乱。

如果是学生，开学时可能会拿到行事历，可以先把行事历上重要的事情记入年度计划，尤其是考试以及连续休假，这对学生应该超级重要！

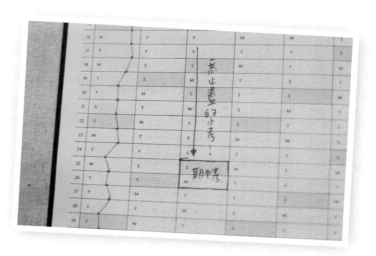

现在一到年初就会有人在网络上提供完美的请假攻略，告诉大家怎么请连假最划算。如果是上班族，我们也可以把连假写在年度计划中，这样每年有多少假，或是自己还可以怎么计划假期，就看得一清二楚了。

◎记录朋友生日，或是借书到期日

将年度计划范围缩小，可以选择不用每天记录，但同样是单一事件（朋友生日、借书到期日），而且是持续性的行程。

以朋友生日为例，我会直接在朋友生日的地方记上他的名字，如果是特别的朋友，会用不同颜色的笔或是利用花边带做标记，但因为格子已经很小了，所以尽量不要弄太多装饰，不然会让版面很杂乱。

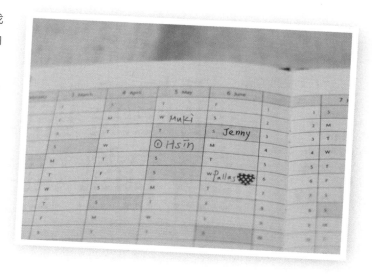

常借书的朋友，虽然每本书后面都有借阅卡，但如果一口气借了很多本书，每本都要翻借阅卡会不会有点麻烦呢？利用年度计划，在借到书的第一天，花一点时间把所有书的到期日都填上去，你就能一览无余，保证不会忘记哪一天要还哪一本书。

IDEA 5-12

不用学甘特图软件，
善用手账与便利贴，
也能做好有弹性的项目管理

如果你是 PM（项目经理）或是实际参与项目规划者，也许常会需要绘制甘特图来排定项目日程，虽然现在有许多计算机软件方便制作甘特图，但是在初始阶段，要跟团队讨论日程，常常需要修改，使用计算机软件是会有诸多不便的，光是在操作上移来移去应该就觉得很烦了。

所以在项目日程敲定前，我觉得用"纸笔"绝对是最有效率的方式，可以利用 A4 纸以及便利贴，做出非常灵活的甘特图哟！

首先我们要用 A4 纸做出每个月的月项目栏，也就是一张 A4 纸是一个月，上面每个月有 30 天左右的格子。也许你会有这样的疑问："难道要在 A4 纸上画这么多格子吗？"其实不用那么麻烦，还记得我在本部分第一篇里跟大家介绍的内页下载的网站吗？

其中 PDF DE CALENDAR 就提供漂亮的月项目栏，而且是一整年的，所以不用辛苦地在 A4 纸上画画画，只要到 PDF DE CALENDAR 下载印出来就可以了！

↓非常漂亮的月项目栏

这样的配置，对常画甘特图的朋友来说应该不陌生，在最左侧的部分可以填上项目的大方向或是大分类，日期下方则是项目的细节，长度可以依照自己的需求做调整。大方向如果确定，可以直接写在纸上，当然也可以用便利贴随时更改位置。

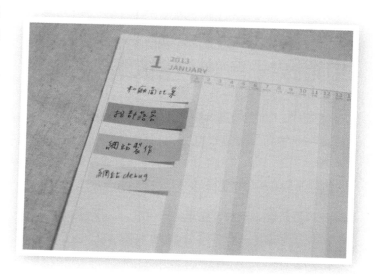

至于项目细节的部分，建议大家先使用便利贴，不要急着写在纸上。毕竟计划赶不上变化，一开始预想 A 细节要在月底完成，但往往在讨论之后才发现行不通，所以利用便利贴可以快速地在时间上做调整。月底不行？便利贴一撕，迅速换到下月初。

↓先把所有项目细节写在便利贴上，这样讨论起来会更有效率

至于项目的时间长度，该怎么用便利贴表示呢？如果时间
太短，可以把便利贴折起来；时间太长，可以把两张便利
贴连在一起。如此一个初始阶段的甘特图就在大家开会讨
论的过程中呈现出来了。

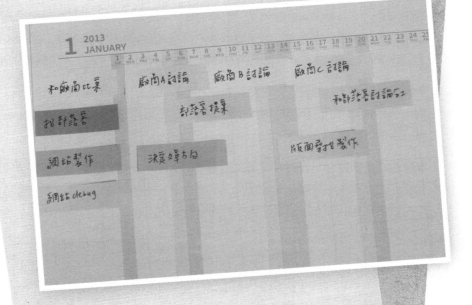

PART 1
PART 2
PART 3
PART 4
PART 5

IDEA 5-13

用便利贴开会：
脑力激荡妙用，
让你们更快找出方向和结论

利用便利贴进行脑力激荡绝对不是新闻了，多数以研发、创意为主的公司，在开会的时候都利用这种方法取得了非常好的效果。

简单来说，脑力激荡大会是为了"解决问题"而存在的，会议开始前必须先设立一个目标，大家必须思考，为了达成那个目标，可以提供哪些方案。例如"晚餐要吃什么？"，然后大家丢出不同的答案："麦当劳""拉面""生鱼片"等等。

而大家想到的这些答案，就可以写在便利贴上面，一张便利贴只写一个答案，答案也不用长篇大论，只写关键词就好，但这些关键词也不要太笼统，以免到讨论时，连你自己也不知道写了些什么。

通常脑力激荡都会限定时间，常见的是 15 分钟，在 15 分钟内只要有想法就写到便利贴上，在脑力激荡的过程中，不要去思考这想法是否合理、是否可行、是否有技术困难，千万不要做评估，想到就写（所以会需要大量的便利贴，其中又以细长形为佳）。

15 分钟过后，对所有人写的想法开始分类，贴在 A4 纸上，如果想法很多，也可以选择改贴在 A3 纸上。接着再针对这些想法做评估，看哪些可用、哪些不能用，慢慢地利用便利贴可撕可贴的特性做筛选。

以上就是脑力激荡的完整流程，而其中的主角就是便利贴。

便利贴就是这么神奇、好用的东西，大家千万要记得它的特性：可撕、可贴。就这两种特性，使得便利贴的机动性非常强，也不用涂涂抹抹，造成文件脏乱。只能说便利贴真的是个强大的发明啊！！

另外，如果开会时，项目还在初始阶段，讨论的东西多半是待评估或不确定的，就可以选择记录在便利贴上，不用等会议记录人慢慢地将大家的想法输入电脑，而参与者可能还会干涉说："打错字了""帮我换个颜色""这个应该移到那个分类"……

试着想想，如果大家都用便利贴自己写，还能自己换笔的颜色甚至是调整位置，这样不是很方便吗？

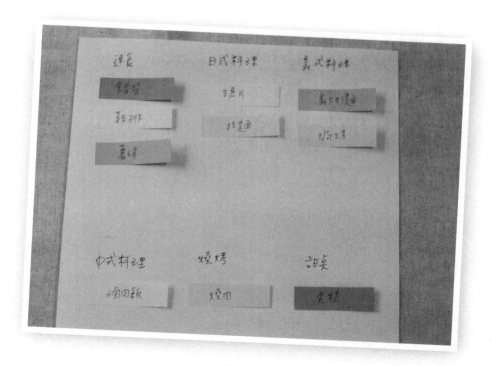

IDEA 5-14

没有买到好的纸胶带？
不如贴纸 + 印章，
做出自己最想要的风格！

形形色色的纸胶带，一直是广受欢迎的文具产品，不过要买到一卷质量很棒的纸胶带，价格真的不便宜（虽然文具控好像不在乎这些）。但除却价格，我们心中的小遗憾还有：虽然纸胶带那么那么多，但还是无法满足我们对花色或颜色的需求。

但，我们可以尝试利用印章做出自己心目中的纸胶带花色。

不过这个门槛还蛮高的，因为如果想要在印章上刻出喜欢的纸胶带花纹，要先学会如何刻章。我觉得刻章还蛮难的，不知道是自己没天分还是怎样，刻出来的线条很不干净，盖出来也歪歪斜斜的。但换个角度看，如果没想刻很复杂的形状，只纯粹想刻出像方格或是直线等简单的图案，其实歪歪斜斜也别有一番风味。市面上也有很多刻章的教学书，有兴趣的朋友可以买来研究，说不定能挖掘出自己的另外一个兴趣。

↓可爱又有质感的纸胶带印章。产品来自印章达人 Mia

在印章上刻好纸胶带花纹后，可以用不同颜色的印泥创造
出多彩"纸胶带"。市面上还有渐变印泥，我们也能利用
它盖出颜色漂亮的"纸胶带"呢！

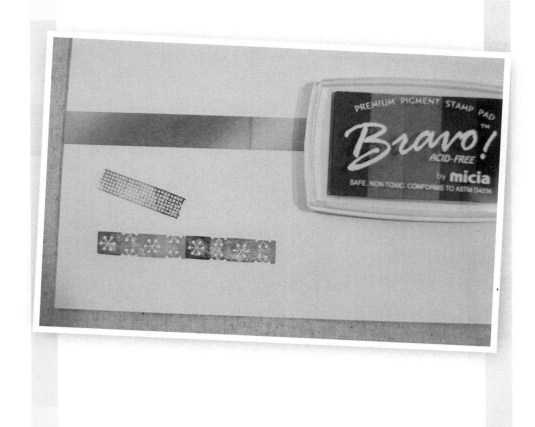

除了上述提到的可以利用印章刻出新花纹做出更多伪纸胶带外，印章还可以跟纸胶带擦出怎样的火花呢？你想过可以把印章盖在纸胶带上吗？

我们可选一些素色的纸胶带，不管是用剪刀剪成规则的长方形，还是用手撕成不规则的"直方图"，都可以，只要自己开心就好。然后就拿出你私藏的印章用力地盖下去吧！记得要等印泥干了再拿起来，不然手会沾到印泥。

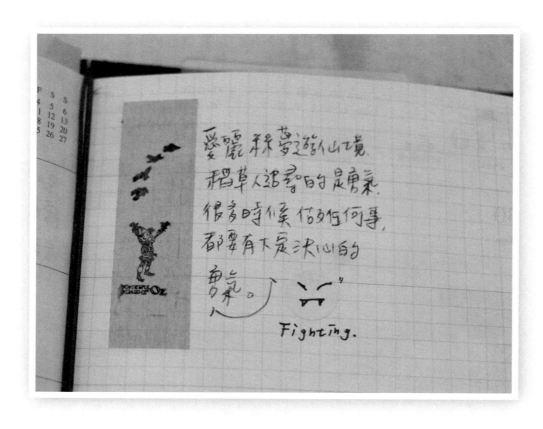

IDEA 5-15

不用带印章，
也能随身盖印——
把印章变成贴纸的创意

如果你把整本书顺顺地看下来，应该会发现我在前面推荐的文具组合包都没有提到印章，注意到的朋友，想过这是为什么吗？其实原因很简单，因为印章真的不适合随身携带。如果你真的不畏艰难带了一把印章，那你还要再带印泥、印章清洁剂……我们只是去上个班、读个书，还要带这大包小包，不觉得很诡异吗？到底是去上班还是去玩文具（笑）？

所以，印章的"可移植性"其实比其他文具低，但很多印章的图案超级实用，很适合实时印在手账上表示待办事项的类型，或是表达现在的心情。有时候就是很想盖印章，却没有随身携带印章，想给印章留个位置，又怕留的空白太大或太小，真的很令人苦恼！

但幸好，方法是人想出来的！印章可以盖在纸上，当然也可以盖在贴纸上喽！我们可以买一些空白的贴纸，然后把印章盖在这些贴纸上，就可以随身携带啦。目前我看到的在贩卖空白贴纸的是鹤屋这一家。

我很喜欢鹤屋卖的牛皮纸贴纸，觉得印章盖在牛皮纸上特有质感，另外他家的一款小尺寸圆形牛皮纸贴纸，刚好符合 Micia 印章的其中一款，不过位置还是要稍微对一下，因为尺寸刚好，所以一不小心就很容易印偏。

不过也建议大家不要发现了这个好方法，就一股脑地把家里大大小小的印章都拿出来疯狂地盖，还是要考虑携带的实用性。毕竟印章也有很多款式，有的是纯装饰性，有的图案却可以明确代表你做的事情，像一颗牙齿可能表示你要去拔牙或者是定期回诊等，像这样用图案代替写字，可以增添许多趣味哟！

IDEA 5-16

空白贴纸的妙用：
和手写笔记搭配，
成为生动有趣的对话记录

除了前面提到的可以在空白的贴纸上盖印章外，
我们也可以在空白贴
纸上画图案。这是我
买来专门画画的圆形
贴，比鹤屋的牛皮纸贴
纸大很多。

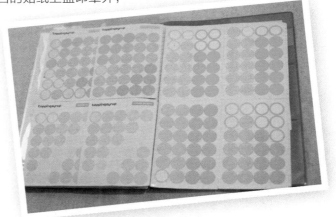

这个尺寸的圆形贴贴在手账上非常适合，透明的圆形贴可以拿来当作装饰。如果
有重要的事情要处理，可以把透明的圆形贴直接贴在日期上，也可以贴在你写的
事情上，反正是透明的，贴上去还是看得到自己写的字。

至于不透明的圆形贴，就可以拿来做生动有趣的心情图案喽！

因为贴纸尺寸不大，所以在上面画简单的表情图就好，不宜太过复杂。因为圆形贴已经帮我们做出脸的轮廓，所以不用怕手残把脸画歪。你要画个笑脸，就简单调个角度，看左边、看中间、看右边，是不是非常简单又好上手呢？

如果画完觉得不好看想重新画，也可以把贴纸撕掉换一张新的。现在的贴纸黏性没有那么强，如果没有用手紧紧压住贴纸，在正常贴的前提下，其实轻轻一撕就能撕开，所以不用怕画错，如果画错就再换一张新的贴纸吧！

除了前面所提的利用不同角度可以制造出圆形笑脸在看不同地方的错觉，我们还可以给圆形笑脸配上不同角度的对话框。如果不想自己用笔画对话框，嘿嘿，还有其他更有创意的方法！

我们可以试着用纸胶带做对话框。制作方法超级简单，先在离型纸上贴好纸胶带，然后拿出剪刀剪出对话框的形状即可，你瞧，就是这么简单。之后从离型纸上撕下来，就可以将我们剪的形状贴在纸上了！如果撕不下来，也可以直接拿胶水粘在手账上哟！

你瞧，一组组可爱又逗趣的圆形笑脸 + 纸胶带对话框，就这么生动活泼地跃然纸上了，是不是看得心情都变好了呢？

IDEA 5-17

最适合手账的时间管理：
用 Chronodex 神奇时钟
整理你的每日琐碎待办任务

还记得以前买了 MIDORI 的 TN 后，我每天都泡在 Flickr（图片分享网站）的 TN 群看大家分享手账与生活，看着看着，发现好多手账上都会出现这种圆圆的小图，感觉像是行程或时间管理的工具，可是又不知道它的名字，以及该怎么使用。

接着因为 Flickr 群组的关系，我认识了一个把 TN 用得炉火纯青的朋友——Patrick Ng，看了他写的文章之后，才知道这个管理工具就是 Patrick 发明的，英文全名叫作 Chronodex。请教 Patrick 后才知道，这是两个英文单词 chronotime（时间序列）和 index（量度）的组合，不过目前好像没有明确的对应的中文译名。简而言之，Chronodex 是一个 GTD（时间管理、行为管理）工具，可以内嵌在手账内页上。

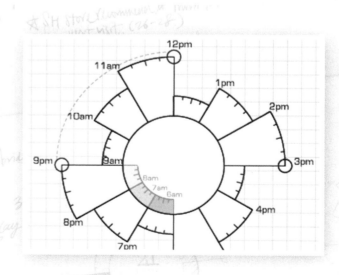

Chronodex 的发明者 Patrick 是谁？

在分享这款强大的工具 Chronodex 前，我想跟大家介绍它的发明者 Patrick。提到 Patrick，你绝对不能错过他拍的手账等文具的照片，只要稍稍看一眼他的 Flickr 相簿，就绝对会被照片的风格以及拍摄手法深深吸引，然后像我一样成为他的忠实粉丝。

Patrick 目前任职于 city'super 的采购团队，作为资深采购员的他，同时管理文具及生活精品部门。心理学系毕业的 Patrick，就跟我们大多数人一样，没有做与专业相关的工作，而是在毕业后，转向电子商务行业发展，最后到了 city'super 的文具零售部门。我想这样的际遇应该会让大家都觉得新鲜且奇妙，但 Patrick 原本就喜爱艺术以及工艺技术，加上从小观察父亲收藏中国书画，他把对美的鉴赏应用在文具交流上，并不会让人觉得突兀呢！

而 Patrick 也有自己的博客（http://scription.typepad.com/）哟，有兴趣的朋友可以到他的博客"挖宝"。里面介绍了许多文具和他独特的创意，甚至介绍了他在旅游途中逛过的有趣商店。此外，关于我们接下来要跟大家介绍的 Chronodex，Patrick 也分享了许多使用方法、免费的 Chronodex 下载渠道，以及如何打造个性化的 Chronodex。

↑ 图片取自 Patrick Ng 的 Flickr 相簿

◎ Chronodex 的 GTD 时间管理方法

常使用时间管理工具做规划的朋友，应该对 GTD 这个词不陌生。GTD 全名为 Getting Things Done（搞定事情），是一种行为管理的方法。GTD 的原则是希望我们不要用"大脑"记一堆工作，而是将其全部写下来，通过这样的方式，我们的脑袋就不用记很多待办事项，只要集中脑力，专注在"现在"要完成的事情上即可。

实现 GTD 这个概念的工具有很多，我们要介绍的 Chronodex 就是其中一种。通过近照，可以看出 Chronodex 是以时钟作为图像的 GTD 工具。

在正式使用 Chronodex 规划工作前，让我们先了解 Chronodex 的组成及它的特色。

1. 内部的圆

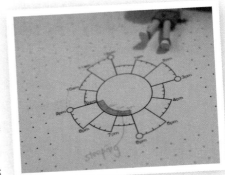

画在内部的 6:00—9:00 的设计：我们可以看到早上 6 点到 9 点被画在了圆圈里面，而且色块比较淡，因为在这个时间范围内，我们多半是在上班的路上，所以这段时间不太可能有待办事项需要处理。Patrick 将早上这段通勤时间设计在 Chronodex 的内部，还可以与晚上 6 点到 9 点的格子做区分。

2. 虚线的用意

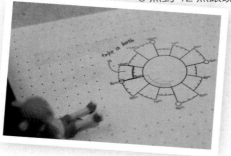

21:00—24:00 的虚线设计：如果大家仔细看 Chronodex 的结构，就会发现早上 9 点到 12 点跟晚上 9 点到 12 点是在同一个位置。里面的扇形形状是属于早上 9 点到 12 点的范围，外围的虚线是晚上 9 点到 12 点。因为早上的这个时间段通常是工作最忙碌的时候，有许多会议要开、许多文件要处理，所以占较大比重；而晚上的行程就可以用虚线来表示。

3. 钟面的形状设计

会做成像时钟的形状，甚至连刻度都一样，是因为我们最常辨认时间的方式除了数字时钟外，就是这种圆形的时钟了。此外我们也常用"× 点钟方向"来表示某个方位，所以这种形状可以说是深植在我们心中，非常"直觉"。

4. 可扩充的设计

一般的 GTD 工具会预先帮我们把每天、每个时间段的格子都画好，在这种被局限的情况下，如果刚好没有规划，这些格子就浪费了。而 Chronodex 的设计可以让我们自由地贴在任何笔记本中，换句话说就是不会被格子限制住，可以在任意区域写上会议、时长、细节等等，最后只需要画一条线连回 Chronodex 的格子里即可。

此外，中间的圆圈外按顺时针有三级由低到高的扇形图案，这样的高低设计是为了避免时间重复的情况发生。了解 Chronodex 的基础设计概念后，就可以上手基本的 Chronodex 规划了。

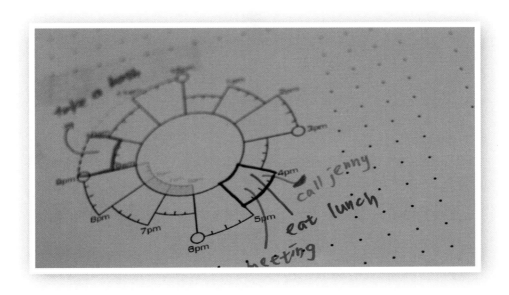

如何利用 Chronodex 画行程？

一开始先把所有要做的事情，包含几点到几点，全部条列出来。我们以下面这个 schedule（日程安排）为例子。

> 11:00—12:00：和营销开会，确认活动 A 细节
>
> 13:00—15:00：周会（记得和主管确认网站流程）
>
> 15:00—17:00：制作 event site（活动网站）和活动 banner（横幅广告）
>
> 18:00—19:00：开会讨论

如同上面这样，把要做的事情列出来之后，就可以使用 Chronodex 来绘制行程表了。Chronodex 的时间范围是用扇形来表示的，我们可以把上面的 schedule 画成照片里展示的这样。简单来说，就是定下开始跟结束的时间，将其连成一个扇形图案。

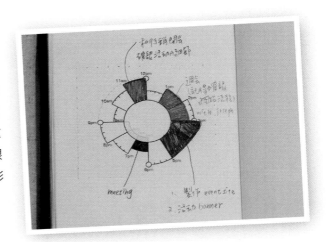

常见的三种时间绘图技巧

大家有没有发现，如果时间与时间间隔很近的话，全部"粘"在一起一定会搞混，所以画 Chronodex 通常可以使用下一页所展示的这三种技巧。

我自己是偏好最后一种，直接用彩色笔把扇形范围涂满。一眼望过去可以很清楚地看到每个时间点要做什么事情，以及所耗费的总时间。

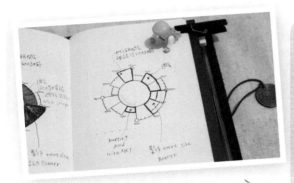

用相同颜色的笔加强范围的框线
来做区分：
如果手上只有一种颜色的笔，建
议不要把扇形范围涂满，不然看
起来会非常杂乱。单色的笔最好
只加重框线，只要能达到区分的
效果即可。

用不同颜色的笔画出范围框线做
区分：
想走花花绿绿的缤纷路线吗？那
就绝对要用不同的笔做区分，用
高饱和度的笔绘制，加上低饱和
度的笔在旁边做批注，保证让你
的 Chronodex 与众不同。

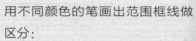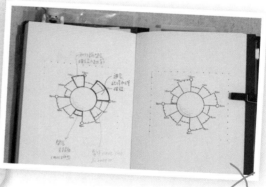

用不同颜色的笔涂满扇形范
围做区分：
涂满了扇形范围之后，还要
不要特别把框线加粗呢？
我觉得如果已经涂满了，就
不用特别加粗框线了，毕竟
涂满跟加粗框线都是为了区
分，择一使用就可以。

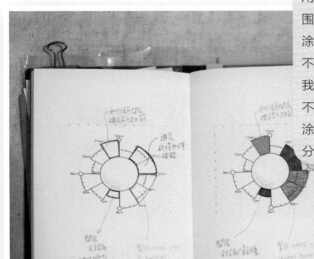

2015 新版 Chronodex 特快介绍！

我们在前面介绍了 Chronodex 的诞生与使用方法，但 Chronodex 的应用范围不止这些。在介绍更多用途之前，想先问大家一句话：你们知道 Chronodex 新版问世了吗？Chronodex 由中国香港的 Patrick Ng 发明，他在不断地尝试调整 Chronodex 的面貌，而在 2014 年下半年，我们终于等到了新版诞生，就让我们来看看新旧版本的差异，以及有哪些变动吧！

1. 新增的辅助线，更方便做区分

Chronodex 的理念是让我们在同一段时间内最多做三件事情，所以有三层外圈让我们做规划。但以往我们在画 Chronodex 时，可能无法精确对准，导致画出来的图形歪掉或不好看。所以新版的 Chronodex 帮我们解决了这个问题，加上了许多虚线作为辅助线，我们只要沿着辅助线往外延伸，就都可以画出很漂亮的圆形呢！

2. 时间轴位置的变更

新版的 Chronodex 将时间轴散布在线段的内侧，另外还增加了深夜 1 点到早上 8 点的时间轴。我想，这样的改变，多半考虑到了现代人几乎都是夜猫子，所以索性把 24 小时补齐了。

3. 更明显地区分 AM 与 PM

新版的 Chronodex，如之前提到的，将所有时段都标示出来，当然也包含之前被隐藏的晚上 9 点到 12 点，虽然还是用虚线标记的，但我们可以清楚地看到早上与晚上被拆开来，也便于更快地掌握 Chronodex 的结构。

如果你还没开始使用Chronodex，不妨现在就到 Patrick Ng 的博客下载最新版的 Chronodex 吧！

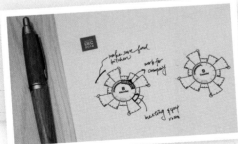

IDEA 5-18

Chronodex 搭配手账日历:
打破时间瓶颈,
成为真正的时间管理达人!

Chronodex 是 个 GTD 工 具, 用 来 规 划 每 天 每 个 时 段 的 每 项 工 作, 跟 Chronodex 类似的 GTD 工具非常多。为了跟时钟的 12 个刻度联系在一起,圆 形的 GTD 工具也非常多。但除了圆形外,在手账编排上最常见的还是直式时间 轴,知名的 HOBO、Moleskine、MARK'S 等等,都是以直式时间轴为主。

我今年买了一本 DAIGO 的直式时间轴手账,打算作为自己的工作手账,但我又 不想舍弃 Chronodex 这么漂亮的 GTD 工具,所以开始研究如何利用它,更贴 近我的工作模式。以下是我目前研究出来并持续使用,而且还在修正的几种方法, 提供给大家作为参考。

我用的这些方法是从我的工作模式衍生出来的,不一定能符合大家的工作模式, 但欢迎大家以此作为开始,尝试更多种不同的可能性。

深入介绍前,先跟大家介绍我的工作,以便大家在阅读之后的内容时更快地进入 状态。如果逛过手账图片网站或是粉丝团成员,那么你对我的工作应该不陌生, 我现在是自由工作者,以做网站与授课为主,团队只有我一个人,所以我兼任自 己的 PM,同一时间手上可能会有三到四个项目在进行;因此,要想在 deadline (最后期限)前,将每个项目妥善完成,对时间的掌控与项目的细节规划就变得 很重要,会大量运用到 规划与 GTD 的技巧。

→手账中最常用的直式时 间轴

◎ 用 Chronodex 助力日历的周记事规划

每个周一都是新的工作周的开始，我习惯在这天的一大早规划本周该做完的项目。

假设一大早我从 PM（就是我自己）那里接收到的讯息是，这周该完成三个项目的各个子项目，分别是：

1. 写完《神奇的手账整理魔法》新增的篇章。
2. 做完项目对接人 Y 的第二批网站需求单。
3. 写好要给项目对接人 T 的交接文件。

那么不可免俗地，我一开始会在直式时间轴旁写下每个时段该做的子项目。但我不会贪多，在周一就把这周的项目都规划完。毕竟每天都会有不可预料的变数，我总要留些缓冲以便调整后面的规划。因此我只规划当天的待办事项，或者最多规划到第二天，而且只有固定日程才会先写下来。

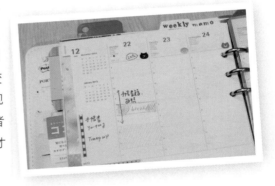

接下来在时间轴旁写上这些项目的子项目，例如周一我安排自己写手账书的新篇章。正如前面提到的，一次只规划一天，所以后面都空白。

在时间轴上规划好每个时段要做的事情，接下来使用工作手账下方的空白处，搭配 Chronodex，开始规划这周要完成的项目。我先在空白处写上标题"Weekly Work"（一周工作），并使用 Chronodex 作为这周的项目管控工具，一个 Chronodex 代表一个独立的项目，再在 Chronodex 的下面用便利贴注明项目名称（也可以在其内圈写上项目名称）。

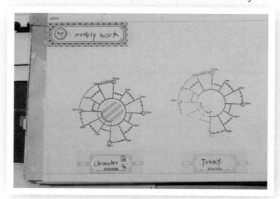

◎ 另类地使用 Chronodex 管理项目

Chronodex 是个 GTD 工具，该怎么利用它实现项目管控呢？其实很简单，因为 Chronodex 就是一个圆形，从早 6 点绕一圈抵达晚 6 点，而它的环状结构也是一个完整的 0% — 100%，刚好可以算作项目的开始与结束。

所以忽略 Chronodex 的指针刻度，专注在它的圆形结构上，就可以做出一个很棒的项目管控图表喽！

如果当天部分完成了 A 项目的某个子项目，就在对应的扇形内做一下标记，至于涂多大范围，就要自己估算一下完成的进度了，如果这周拟订的计划全部完成，进度就是 100%，就涂满，以此类推。

在 Chronodex 中写上细分的工作子项目的同时，我也会写上日期，如此一来就可以跟上面的时间轴做对照，清楚地知道自己这周的工作状况。

以上这种方法是跟手账的时间轴做了整合，也是我目前的工作方法。利用时间轴规划每天的工作，再利用变相的 Chronodex 管理这周的项目进度，两种工具搭配，让自己更清楚地知道这周还有哪些项目没完成；同时可以利用当天的 Chronodex 的进度规划第二天的时间轴，达到事半功倍的效果。

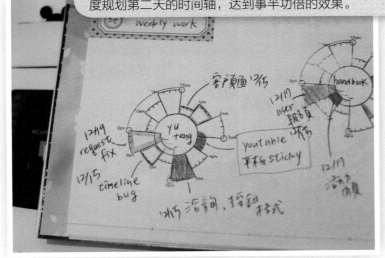

IDEA 5-19

最自由的手账——
万用活页：
与其挑剔，不如自己设计！

这本书用很长的篇幅为大家介绍了各种类型的手账，以及不同国家和地区的手账特色与手账配置。正因为每个品牌设计出来的手账样式都不尽相同，所以大家可以在五花八门的手账中，挑选自己最喜欢的一款。

找到自己喜爱的手账，就像是有了最爱的宝贝一样，这也是为什么每年10月到12月，手账控会蜂拥而出，去挑选第二年的手账。

但人总是不容易满足，使用品牌手账时间久了，是不是会发现手账的某些设计不太符合你的需求呢？你的心中曾经闪过"如果再增加一些页面就好了""如果这个地方再改一下就好了""如果可以调整一下排版就好了"等想法吗？

如果你脑海中曾经闪过这些想法，那要恭喜你，你已经渐渐了解自己适合怎样的配置了。这时候，有的人会尝试自己设计手账内页并装订成册，有的人则会投入"万用活页手账"的怀抱，而万用活页正是我最后要补充介绍给大家的手账类型。

→来源：手账写真网站/Wing

◎ Filofax：万用活页的始祖

一旦决定要使用万用活页，就绝对不能不知道 Filofax 这个品牌。一位英国神父将《圣经》掉落的内页改成了活页，这就是我们常说的圣经 personal 尺寸，这个插曲开启了 Filofax 的传奇。把 Filofax 当作万用活页的代名词，一点也不为过。

Filofax 源自英国，官方网站有在线商店可以直接购买，其他电商网站也贩卖 Filofax 的活页产品。

Filofax 的活页有九成以上的封面是真皮，可想而知一本要价不菲，但 Filofax 每年都非常用心地推出不同风格的活页产品，不断结合时尚与实用性，让产品更能满足现代人对精品的挑剔，所以依然是上班族记事、处理信息的首选工具！

↑源自：Filofax 官方网站

◎ Gillio：做皮件起家的万用活页

Gillio 是做皮件起家的公司，所以即使是万用活页，也是清一色的皮革封面，各式各样的皮革让人挑得眼花缭乱！但一提到皮革，想必大家脑海中闪过的第一个画面就是"要很多钱"。Gillio 的万用活页算是数一数二地贵，平均一本活页要 200 欧元，合人民币 1500 多元，是单价超级高的商品！如果一生可以买一本 Gillio，大概就心满意足了（笑）。

↑虽然 Gillio 的价格突破天际，但是它的设计跟质感绝对没话说（源自：Google 搜索界面）

☺ Kikki.K：最缤纷的少女心万用活页

如果说 Filofax 跟 Gillio 是偏向商务与上班族使用的万用活页，那 Kikki.K 就是主攻少女心文具控的活页啦！2015 年，Kikki.K 的活页封面有紫色、绿色以及粉色，当然依旧有商务风格的黑色、金色与驼色，不过 Kikki.K 的内页与相关配件也都很缤纷浪漫，所以后三种颜色依然有不少人选购。

Kikki.K 跟 Filofax 的平价款为两三百元人民币，喜欢商务风的朋友可以考虑 Filofax，喜欢缤纷色彩的朋友则推荐你们买 Kikki.K，相信其质量不会让你们感到失望的！

↑源自：Google 搜索界面

☺ DATA MATE：好看又便宜的亲民活页

DATA MATE 是哈伯实业的万用手册系列，封面材质以 PU 合成皮居多，也因此价格非常亲民。虽然不是真皮，可是外观与设计一点都不输给国外的品牌哦！

DATA MATE 的款式与尺寸都非常齐全，我第一次看到它是在诚品的手账展上，后来还陆续在九乘九、垫脚石、金石堂等网站看到过。金石堂书店（包含网络）有相对齐全的 DATA MATE 系列产品，对 DATA MATE 有兴趣的朋友不妨锁定金石堂一观。

◎ Keny（康尼）：封面千变万化的活页

由亮冠出品的 Keny 系列万用活页，同样有多种万用设计与尺寸，价格跟 DATA
MATE 差不多，二者可以说是中国台湾两大活页公司。Keny 有"PChome 商
店街"网店，在九乘九等文具店也有铺货，对 Keny 有兴趣的朋友可以到这些地
方"挖宝"。此外，Keny 还贩卖真皮系列，想买真皮活页的朋友也可以考虑这
个台湾厂牌。

Keny 是我入手的第一本万用活页，我买
的是"点线面"系列，很喜欢它简单的
设计与很好的触感，不像 Kikki.K 那么缤
纷，也不像 Davinci（达芬奇）那么商务。
Keny 也是这几家万用活页里，封面变
化最多的厂商。

◎ Raymay Davinci：上班质感

大家对 Raymay 还有印象吗？ PART 3 里就有用 Raymay 出产的 nōfes 手账
做的范例。Raymay 除了贩卖一般手账外，还贩卖万用活页，这个系列有个非常
响亮的名字——Davinci。

Davinci 也是皮革手账，是偏商
务风的日系设计，俘获了许多喜
爱日系风的朋友。Davinci 多是
黑色跟咖啡色的皮革封面，但也
有红色的皮革封面。

↑ 来源：手账写真网站 /Omi

IDEA 5-20

忍不住买了多本手账，
没关系，不要浪费，
达人教你可以这样运用！

手账到底是只买一本，把所有的东西都写在里面呢，还是根据不同的用途购买多本？这一直是大家选购手账的疑惑之一，我在前面也简单提过，这个问题并没有标准答案，纯粹看个人习惯与使用偏好。

像我 2014 年时倾向把所有东西都写在同一本手账里，但 2015 年就根据不同的需求购买了多本手账。

◎ 根据需求拆分你的手账

2014 年，我辞职成为 freelancer（自由职业者），也就是大家熟悉的 SOHO 一族，所以会时常外出跟客户见面，在跟客户提案与讨论的过程中，需要携带笔记本电脑及手账，但我倾向于把所有信息都记录在手账上，所以整本手账超厚重，也懒得带出门。

一开始倒没碰到什么大问题，但时间一久，每当客户要跟我确认行程，我就开始尴尬了，因为偷懒没带手账，无法实时跟客户确认行程，只能回家再确认，这样真是太不专业了！也因此，在 2014 年年中，我就开始思考明年是否要分成多本手账。这个想法萌芽之后就迅速成长壮大，我终于决定了要拆分自己的手账。

◎ 随身携带的行程规划用手账

第一本要跟大家介绍的，是我随身携带的行程规划用手账。如同前面所言，为了携带方便，我决定把月行事历跟一般的工作日志分开，以后出门跟客户确认行程就可以更轻松、更简单。不然常常是背了笔记本电脑，就没有多余的空间再放我的行事历了。

但……深藏在内心的手工风偶尔还是会蠢蠢欲动，想要把相关文具通通带出门，这样的冲动总会导致本子越来越肥厚。但我的初衷就是一本简单的"月行事历"，因此决定拿旧的手账来用，不然手账越堆越多，都没好好使用就束之高阁，真是太浪费了。

最后决定用 2010 年购买的 HOBO 外皮，文库本刚好是 A6 尺寸，不算特殊规格，所以非常庆幸，市面上的 A6 手账内芯都可以套在 HOBO 里头。我买了 MUJI 的月行事历搭配 HOBO 外皮，当作2015 年在外携带用手账。

为什么选 MUJI 内页？

市面上的 A6 月行事历非常多，我看中 MUJI 的主要原因是它的附录页有满满的方眼（方格）！我非常喜欢方眼，有那么多的方眼可以让我写上更多的行程细节，而且厚薄适中，只能说"就决定是你了！"，然后立马"剁手"带回家（大笑）。

足够的外皮空间让我携带必备文具！

HOBO 的外皮能让我装下更多的文具周边。以下这些是我在写月行事历时会用到的家伙，所以优先放到外皮里面以供使用。

1. 必备 MT 分装板： 不想花钱买塑料分装板，就拿自己发不完的名片做分装板了。不过我先铺了一层 MT 白色胶带做底，不然撕到最后露出名片就不太好看了。

2. 必备便利贴： A6 尺寸真的不太够用，加上便利贴或便条纸就可以了，而且大小刚好可以塞进 A6 文库本，所以塞了一包在这儿，以备不时之需。

3. 必备各种形状的贴纸： 透明圆形贴的好处不用多做说明，不管是标记还是装饰，都非常好用！绝对要带！

A6 的尺寸放进包包刚好，搭配一本轻薄的月行事历，真的很适合外出携带使用哦！

⊚ 大容量的工作用手账

2014 年的最后几个月，手账写真网站上不断有朋友分享自己的万用活页，我也因此对万用手册有了更深刻的了解，更更重要的是，我就这样被大家的各种开箱文"烧"到了！万用手册的自由度与灵活性使我印象深刻，虽然写字会被线圈硌到手这一点依旧为我所诟病，但在瑕不掩瑜的心态下，我终于也入坑啦！

我的工作需要每天待在办公室使用计算机，因此工作手账不必以轻巧为主，我要考虑的是大容量，能让我写下各式各样的工作事项。我的工作手账是 A5 尺寸，A5 除了容量大之外，另一个优点是活页纸取得方便，只要把 A4 纸裁成一半就可以变成 A5 了，真的非常方便。

我的工作手账两大重点是"Weekly"及"Project"分页。Weekly 用来记录与规划每周的工作进度，还有每周要做的事情。

Project 顾名思义，就是项目。每个项目都是一个独立的区块，并使用 Chronodex 记录我的项目进度（可以参考本书 Chronodex 的用法）。

> 同时使用两本手账，可能会碰到行事历重叠的问题，所以我会把约会或跟客户讨论的这种"外出"行程，写在随身携带的手账上；至于居家工作的相对静态的行程，或是交稿、授课等这些无须外出的行程，则写在工作用手账上。虽然行程跟很多项目都必须拆开来写在两本手账上，但对经常需要外出的朋友来说，我觉得拆开来会让你更愿意带上轻薄的规划手账出门，而不是任其摆在公司或家里落灰尘哦！

© 民主与建设出版社，2018

图书在版编目（CIP）数据

神奇的手账整理魔法 / MUKI 著 . -- 北京 : 民主与
建设出版社 , 2018.6
ISBN 978-7-5139-2171-8

Ⅰ . ①神… Ⅱ . ① M… Ⅲ . ①本册 Ⅳ . ① TS951.5

中国版本图书馆 CIP 数据核字（2018）第 110408 号

中文简体版通过成都天鸢文化传播有限公司代理，经由城邦文化事业股份有限公司 PCuSER 电脑人
出版事业部 / 创意市集出版社授权中国大陆独家出版发行，非经书面同意，不得以任何形式，任意
重制转载。本著作限于中国大陆地区发行。

著作权合同登记号：图字 01-2018-4481

神奇的手账整理魔法
SHENQI DE SHOUZHANG ZHENGLI MOFA

出 版 人	李声笑
著　　者	MUKI
责任编辑	王　越　袁　蕊
监　　制	蔡明菲　邢越超
策划编辑	李　荡
特约编辑	汪　璐
营销编辑	傅婷婷　文刀刀
版权支持	辛　艳　金　哲
版式设计	李　洁
封面设计	壹　诺
出版发行	民主与建设出版社有限责任公司
电　　话	（010）59419778　59417747
社　　址	北京市海淀区西三环中路 10 号望海楼 E 座 7 层
邮　　编	100142
印　　刷	北京中科印刷有限公司
开　　本	700mm×995mm　1/16
印　　张	15
字　　数	207 千字
版　　次	2019 年 4 月第 1 版
印　　次	2019 年 4 月第 1 次印刷
标准书号	ISBN 978-7-5139-2171-8
定　　价	68.00 元

注：如有印、装质量问题，请与出版社联系。